O Livro da Raiva para Crianças

A Artmed é a editora oficial da FBTC

K92l   Kress, Christina.
       O livro da raiva para crianças : atividades divertidas da terapia comportamental dialética (DBT) para você lidar com os sentimentos e se dar bem com os outros / Christina Kress ; tradução: Marcos Vinícius Martim da Silva ; revisão técnica: Wilson Vieira Melo. – Porto Alegre : Artmed, 2023.
       xiv, 130 p. : il. ; 25 cm.

       ISBN 978-65-5882-144-1

       1. Terapia cognitivo-comportamental. 2. Raiva. 3. Emoções. I. Título.

CDU 159.922.7

Catalogação na publicação: Karin Lorien Menoncin – CRB 10/2147

O Livro da Raiva para Crianças

35 habilidades simples para lidar com a raiva

Atividades divertidas da terapia comportamental dialética (DBT) para você lidar com os sentimentos e se dar bem com os outros

Christina Kress

Tradução:
Marcos Vinícius Martim da Silva

Revisão técnica:
Wilson Vieira Melo
Psicólogo. Doutor em Psicologia pela Universidade Federal do Rio Grande do Sul (UFRGS)/University of Virginia, Estados Unidos. Presidente da Federação Brasileira de Terapias Cognitivas (FBTC; gestões 2019-2021/2021-2023). Coordenador do curso de Especialização e Formação em DBT Online do Instituto Vila Elo.

artmed

Porto Alegre
2023

Obra originalmente publicada sob o título *The anger workbook for kids: fun DBT activities to help you deal with big feelings and get along with others*
ISBN 9781684037278

Copyright © 2021 by Christina Kress
Instant Help Books. An imprint of New Harbinger Publications, Inc., 5674 Shattuck Avenue
Oakland, CA 94609
www.newharbinger.com

Gerente editorial
Letícia Bispo de Lima

Colaboraram nesta edição:

Coordenadora editorial
Cláudia Bittencourt

Capa sobre arte original
Kaéle Finalizando Ideias

Preparação de original
Fernanda Luzia Anflor Ferreira

Editoração
Matriz Visual

Reservados todos os direitos de publicação, em língua portuguesa, ao
GRUPO A EDUCAÇÃO S.A.
(Artmed é um selo editorial do GRUPO A EDUCAÇÃO S.A.)
Rua Ernesto Alves, 150 – Bairro Floresta
90220-190 – Porto Alegre – RS
Fone: (51) 3027-7000

SAC 0800 703 3444 – www.grupoa.com.br

É proibida a duplicação ou reprodução deste volume, no todo ou em parte, sob quaisquer formas ou por quaisquer meios (eletrônico, mecânico, gravação, fotocópia, distribuição na Web e outros), sem permissão expressa da Editora.

IMPRESSO NO BRASIL
PRINTED IN BRAZIL

A autora

Christina Kress, MSW, LICSW, é assistente social clínica licenciada em prática privada na região de Minneapolis, MN. Kress tem duas décadas de experiência no tratamento de crianças e famílias usando ludoterapia e terapia cognitivo-comportamental (TCC), bem como 10 anos de experiência no tratamento de adultos e adolescentes usando terapia comportamental dialética (DBT). Kress se apresenta anualmente na Minnesota Association for Child and Adolescent Mental Health Conference; foi palestrante convidada na St. Catherine's University, em St. Paul, MN; e fornece supervisão clínica para profissionais de saúde mental por meio de sua prática.

Aos meus clientes, que me ensinam tanto.

Sobre *O livro da raiva para crianças*

"A experiência e o histórico comprovado de Christina ajudam as crianças a identificar e a lidar com suas emoções. Suas descrições são cuidadosas e concisas. A variedade de atividades envolve e atrai todos os tipos de alunos. Este livro é um recurso fácil de usar para pais e clínicos que desejam ajudar as crianças a aprenderem a manejar as emoções em suas vidas."

—**Amy Robinson,** profissional de saúde mental, analista do comportamento certificada e doutoranda em psicologia escolar

"O *Livro da raiva para crianças* é escrito com uma linguagem apropriada para que as crianças entendam suas experiências de raiva e traz diferentes maneiras de manejá-la. Pais, leiam este livro com seu filho, explorem suas próprias respostas emocionais e aprendam algumas estratégias junto com ele."

—**Jayme Baden,** MA, LMFT, terapeuta familiar comunitária e mãe de três filhos

"Este livro fornece às crianças (com a ajuda de um adulto) ferramentas eficazes para gerenciar as ações associadas à má administração da raiva. As crianças aprendem a identificar seus sentimentos e seus gatilhos e como a raiva pode afetar negativamente seus relacionamentos com amigos e familiares. As atividades são fáceis e incentivam as crianças a praticar o trabalho com seus sentimentos e o controle de suas ações. Este livro também é útil para profissionais e pais!"

—**Stacy Wilson,** LCSW, assistente social clínica licenciada e consultora de terapia cognitivo-comportamental (TCC) para adolescentes e adultos

"Se você está procurando abordagens de controle da raiva para crianças, este livro é indispensável. Os exercícios funcionam bem tanto como uma prática autoguiada para crianças e adolescentes quanto como complemento às intervenções terapêuticas. Eu amo como conceitos emocionais complexos são apresentados de forma que as crianças e seus cuidadores os entenderão facilmente. Voltarei ao livro com frequência em meu trabalho com jovens em lares adotivos."

—**Amy Board**, MSW, LCSW, diretora de saúde mental comunitária da Little City Foundation

"Este livro é uma ferramenta prática que prepara as crianças para identificar, controlar e manejar a fonte de sua raiva. As informações fáceis de ler e as atividades interativas o tornam um recurso ideal para pais e/ou outros adultos ajudarem as crianças em suas vidas. Esta é uma leitura obrigatória para qualquer pessoa com filhos que possam estar apresentando sinais de raiva intensa e frequente."

—**Kristin Mayer,** mestra em instrução e leitura (WI 316) e professora do 2º ano na Galesville Elementary School em Galesville, WI

"Que ótimo livro para ajudar terapeutas e pais a apoiar crianças que estão lidando com sentimentos intensos! Isso é ainda mais crucial neste momento em que a rotina escolar está interrompida e crianças e famílias estão sob estresse sem precedentes. Christina Kress normaliza a raiva e fornece tantas ferramentas que você certamente encontrará algumas que funcionem para o seu filho. Se você está procurando um roteiro para ajudar as crianças a entender e manejar seus sentimentos, este é o livro ideal."

—**Susan Nightingale**, LICSW, vice-presidente de serviços de saúde mental da SOME (So Others Might Eat) em Washington, DC

Uma nota aos pais

As emoções são complexas e difíceis de entender. Os seres humanos não vêm a este mundo entendendo quais são seus sentimentos e como manejá-los. As crianças dependem dos adultos ao seu redor para aprender a regular e manejar emoções por meio de modelagem, prática e apoio. Quando bebês, choramos quando estamos angustiados, e os adultos nos acalmam de fora para dentro. Quando crianças, encaramos mudanças nas expectativas; os adultos começam a nos deixar lutar um pouco mais com nossos sentimentos, oferecendo apoio conforme necessário, mas também esperam que experimentemos sentimentos difíceis e aprendamos a nos recuperar. Essas mudanças não chegam facilmente para todos por diversas razões. Pode haver uma criança em sua vida que, por algum motivo, precisa de ajuda extra dos adultos ao seu redor para aprender a manejar seus sentimentos, especificamente a raiva. As atividades deste livro foram criadas pela combinação da terapia cognitivo-comportamental (TCC) com a terapia comportamental dialética (DBT). A DBT é uma abordagem de tratamento pesquisada e desenvolvida pela Dra. Marsha Linehan, que é usada com adultos e adolescentes que lutam com sentimentos intensos. Peguei meus anos de experiência trabalhando com crianças, combinei com meu treinamento e minha experiência ensinando DBT e criei essas atividades para ajudar as crianças que precisam se concentrar especificamente na raiva. Usei essas atividades em minhas sessões com crianças a fim de ajudá-las a obter compreensão e controle de sua raiva ou de suas emoções intensas.

Acho que as crianças aprendem melhor por meio da experiência, da prática e da modelagem com adultos em sua vida. As atividades ao longo deste livro são escritas diretamente para elas. As crianças pequenas que lutam com a raiva podem, às vezes, se assustar com a intensidade de suas próprias emoções. Ter um adulto ajudando a aprender a manejar a raiva é crucial. Tenha isso em mente ao trabalhar nas atividades deste livro. Essas atividades devem ser feitas ao lado de um adulto uma após a outra. Na página do livro em loja.grupoa.com.br, você poderá baixar material complementar. Seu filho pode precisar de ajuda para acessá-lo.

A minha intenção é que você use essas atividades como uma oportunidade para discussão e comunicação aberta com seu filho. Eu incentivo você a usá-las para iniciar uma conversa de modo a aprender mais sobre seu filho e sua experiência de raiva. Se a criança com quem você está trabalhando requer um pouco de flexibilidade nas atividades para entender o conceito que está sendo ensinado, sinta-se livre para torná-las mais eficazes.

Lembre-se de que aprender sozinho não leva à mudança de comportamento. A *prática* leva à mudança de comportamento. Pratique e repita as atividades como achar melhor. Como acontece com toda nova habilidade, é preciso praticar repetidamente para aprender um novo comportamento.

Sumário

Seção 1: Sentimentos e pensamentos

Atividade 1 ● Identificando sentimentos ...2
Atividade 2 ● O que causa seus sentimentos? ...6
Atividade 3 ● Grandes sentimentos, pequenos sentimentos ...8
Atividade 4 ● Sentimentos têm funções ...10
Atividade 5 ● Tipos de pensamentos ...13
Atividade 6 ● Seus pensamentos ...18

Seção 2: Buscando entender a raiva

Atividade 7 ● O que causa raiva? ...24
Atividade 8 ● A raiva vem em muitos tamanhos ...26
Atividade 9 ● Seus gatilhos de raiva ...29
Atividade 10 ● Capture! ...32
Atividade 11 ● Verifique! ...34
Atividade 12 ● Mude! ...37
Atividade 13 ● A raiva em seu corpo ...42
Atividade 14 ● Expressões de raiva ...44
Atividade 15 ● Impulsos de raiva ...46
Atividade 16 ● Desacelere ...48
Atividade 17 ● Mensagens de raiva ...50
Atividade 18 ● Espere até que a raiva passe ...52
Atividade 19 ● Querida raiva ...56

Seção 3: A raiva pode ferir os outros

Atividade 20 ● Quando a raiva estraga as amizades ...60

Atividade 21 ● Que mensagens você está enviando? ...62

Atividade 22 ● Que tipo de pessoa você quer ser? ...65

Atividade 23 ● Consertando relacionamentos afetados pela raiva ...69

Atividade 24 ● Faça um acordo ...72

Seção 4: Reagindo contra a raiva

Atividade 25 ● Quais ferramentas você já testou? ...76

Atividade 26 ● SEMENTES ...80

Atividade 27 ● Construindo força ...84

Atividade 28 ● Reabastecendo ...86

Atividade 29 ● Pise no FREIO! ...88

Atividade 30 ● Grande coisa ou coisa pequena? ...90

Atividade 31 ● Fale! Fale! Fale! ...95

Atividade 32 ● Surfando na onda da raiva ...97

Atividade 33 ● Capture! Verifique! Inverta! ...99

Atividade 34 ● Quando a raiva continua acontecendo ...101

Atividade 35 ● Juntando tudo ...106

Apêndice A ● Para os pais ...109

Apêndice B ● Folha de dicas para o controle da raiva ...113

Apêndice C ● Qual é o tamanho do seu sentimento? Um jogo interativo para praticar suas habilidades ...115

Apêndice D ● Respostas das atividades ...128

SEÇÃO 1

Sentimentos e pensamentos

Você tem muitos pensamentos e sentimentos diferentes ao longo de cada dia. Seu dia pode começar ótimo e terminar terrível, dependendo do que acontece ao seu redor e dos pensamentos e sentimentos que você tem ao longo do caminho. Esta seção se concentrará em revisar os sentimentos básicos que você tem de tempos em tempos e diferentes tipos de pensamentos que vêm junto com eles. Aprender a trabalhar com sentimentos é difícil e às vezes você necessitará da ajuda de um adulto em quem confia. Pense nos adultos em sua vida em quem você confia e se sinta livre para pedir orientação.

# Identificando sentimentos

Sentimentos e emoções estão sempre mudando. Observe que a palavra "emoção" tem a palavra "moção" — ou seja, movimento — nela!

Sentimentos são reações a coisas que acontecem ao nosso redor. Essas reações começam em nosso corpo e em nosso cérebro, e usamos palavras para descrever nossa experiência e nossos sentimentos. Por exemplo, seu irmão dá um empurrão em você. Sua mandíbula fica apertada e seu coração bate mais rápido, dizendo ao seu cérebro que algo está errado. Você está bravo e diz: "*Pare!*".

Como nossos dias estão sempre mudando, nossos sentimentos também estão sempre mudando. Podemos ter mais de um sentimento ao mesmo tempo, e os sentimentos vêm em diferentes intensidades ou dimensões. Quanto mais você conhecer seus sentimentos, mais será capaz de aprender sobre si mesmo e melhor saberá como lidar com eles à medida que surgem.

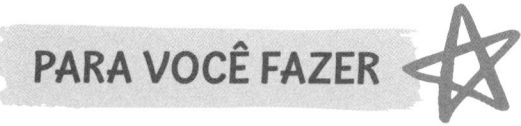

Leia a história a seguir e, em seguida, responda às perguntas que se seguem para praticar a identificação dos sentimentos na narrativa. Essa será uma boa maneira de perceber quais sentimentos você tem dificuldade de entender e sobre os quais pode ter de aprender mais.

Tânia acordou sorrindo de orelha a orelha! Ela sabia que hoje seria um ótimo dia. Era seu aniversário, e ela tinha planejado uma grande festa. Tânia havia convidado todas as pessoas próximas a ela: seus amigos da escola, seus avós, suas tias e seus tios.

O pai de Tânia estava ajudando a preparar a festa. Eles tinham uma casa inflável e brinquedos no quintal. Quando Tânia desceu as escadas, ela notou que a casa inflável já estava montada e que seu irmão mais novo estava brincando dentro dela. Ela não queria que ele arruinasse sua festa ficando por ali e sendo irritante. Além disso, se alguém deveria estar experimentando os brinquedos, deveria ser ela, não seu irmão.

Tânia correu para a casa inflável e derrubou seu irmão, gritando: "Sai daqui! É a minha festa, e eu não quero você por perto!". Claro que ela acabou encrencada porque ele começou a chorar como um bebê. Seu pai lembrou-lhe de que na festa de aniversário de seu irmão, no mês anterior, ele a deixou experimentar os brinquedos antes que seus convidados chegassem, e ele provavelmente pensou que ela faria o mesmo. Tânia pensou sobre isso e lembrou que era verdade. Ela se sentiu mal com o que havia dito e decidiu conferir o que sua mãe estava fazendo dentro de casa.

A mãe de Tânia estava ocupada montando os jogos de dardos e balões. Quando Tânia entrou, sua mãe disse a ela que sua amiga Marina não viria à festa. Isso chateou Tânia, porque Marina era sua melhor amiga. Tânia começou a se sentir desconfortável, e disse à sua mãe: "O que acontece se mais pessoas ligarem e disserem que não podem vir? E se ninguém vier à minha festa e eu não tiver amigos no meu aniversário?". A mãe de Tânia lembrou-lhe de que todas as outras pessoas que ela havia convidado disseram que estavam chegando, e algumas até ligaram para se certificar de que sabiam o endereço. Esse lembrete ajudou Tânia a se sentir melhor.

A festa foi um enorme sucesso! Muitas pessoas estavam lá, todos se divertiram brincando, e Tânia ganhou alguns presentes incríveis. Quando o dia chegou ao fim, ela se sentiu um pouco triste porque toda a diversão acabou e ela teria que esperar um ano inteiro até sua próxima festa de aniversário.

PARA VOCÊ FAZER

Responda às perguntas para praticar a identificação dos sentimentos da história. Use os sentimentos listados no cofrinho de palavras para ajudá-lo. Dica: Lembre-se de que podemos ter mais de um sentimento ao mesmo tempo.

Cofrinho de palavras

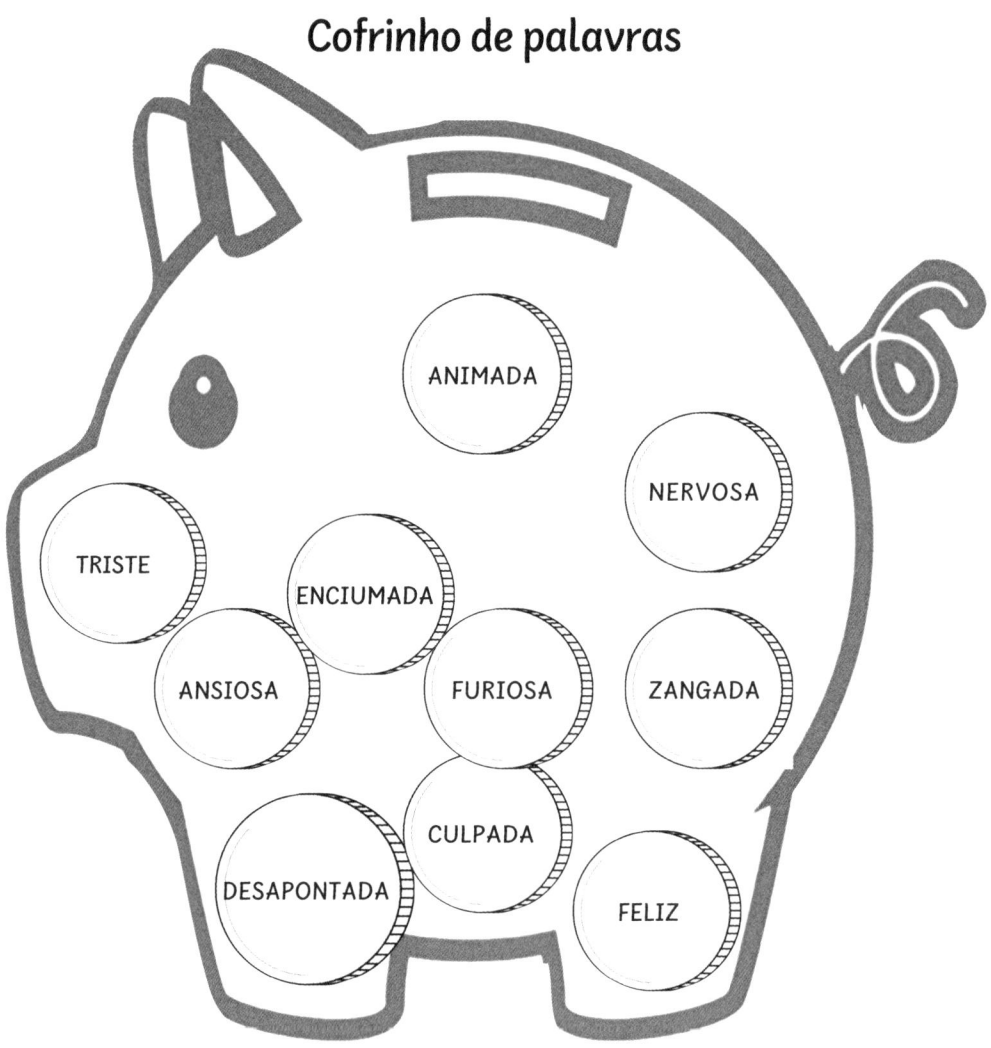

ANIMADA
NERVOSA
TRISTE
ENCIUMADA
ANSIOSA
FURIOSA
ZANGADA
CULPADA
DESAPONTADA
FELIZ

1. Como Tânia se sentiu quando acordou pela manhã?

2. O que Tânia estava sentindo quando pensou em todas as pessoas especiais que estavam vindo para sua festa?

3. Como você acha que Tânia se sentiu quando descobriu que sua amiga Marina não poderia vir à festa?

4. Como Tânia estava se sentindo quando viu seu irmão na casa inflável?

5. Que sentimento Tânia teve depois de empurrar seu irmão e, em seguida, ser lembrada por seu pai de que ele havia deixado ela experimentar os brinquedos em sua festa?

6. Tânia estava avaliando possibilidades, caso as pessoas não viessem à festa. O que você acha que ela estava sentindo no momento?

7. Uma vez que todos foram embora, tudo o que Tânia podia pensar era no fato de que a festa havia acabado. Como você acha que ela estava se sentindo?

(Ver Apêndice D para obter as respostas.)

O que causa seus sentimentos?

Seu cérebro e seu corpo conversam entre si e trabalham em equipe para manejar e controlar seus sentimentos.

Quando os eventos acontecem ao nosso redor ou conosco, nosso cérebro recebe uma mensagem e diz ao nosso corpo como reagir. Nosso cérebro e nosso corpo trabalham juntos para nos ajudar a manejar nossos sentimentos. Às vezes é mais fácil identificar sentimentos em outras pessoas do que em nós mesmos. É importante se familiarizar com os tipos de eventos que fazem com que você tenha certos sentimentos. Saber disso irá ajudá-lo a se sentir mais confiante e no controle quando tiver emoções fortes.

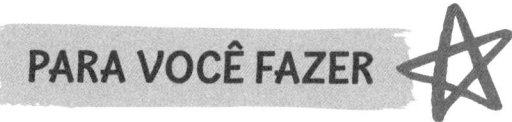

Preencha este quadro para praticar a identificação de situações que o levariam a ter certos sentimentos e a trabalhar o reconhecimento de como seu corpo reage. Um exemplo já foi preenchido para você.

NOME DO SENTIMENTO	O QUE CAUSA A SENSAÇÃO	COMO MEU CORPO REAGE
EXEMPLO: RAIVA	Meu irmão entra sorrateiramente no meu quarto e pega meu iPad sem pedir.	Rosto quente, grito, punhos fechados
ANSIEDADE/MEDO/ PREOCUPAÇÃO		
TRISTEZA		
FELICIDADE/ALEGRIA		
RAIVA		

Grandes sentimentos, pequenos sentimentos

ATIVIDADE 3

PARA VOCÊ SABER

Não importa o tamanho dos seus sentimentos, com a prática, você pode aprender a manter o controle de suas ações.

Os sentimentos vêm em tamanhos diferentes. Às vezes, são grandes e fortes, e duram muito tempo. Às vezes, os sentimentos são pequenos e passam rapidamente. Cada vez que você tem um sentimento, ele pode ser diferente. Isso pode ser confuso! Para tornar as coisas ainda mais confusas, pessoas na mesma situação podem ter sentimentos diferentes. Você e um amigo podem passar pela mesma experiência e você sentir raiva de nível 10, mas seu amigo sentir apenas raiva de nível 5. Isso é normal; as pessoas reagem de maneiras diferentes.

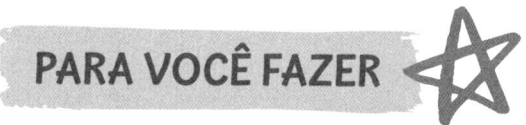

PARA VOCÊ FAZER

Leia as situações na próxima página e indique que sentimento você teria e quão grande ou intenso ele seria. Use a escala a seguir para ajudá-lo a escolher uma intensidade de 1 a 10. Em seguida, pergunte a pelo menos duas pessoas como elas se sentiriam e a intensidade do seu sentimento. Anote o que elas disserem. Observe como as respostas podem ser diferentes.

Você também pode tentar essa atividade com mais pessoas. Na página do livro em loja.grupoa.com.br você pode baixar uma cópia desta pesquisa. Se precisar de ajuda, peça a um adulto.

| 1 | 5 | 10 |
| MUITO PEQUENA | PARECE FORTE, MAS EU AINDA POSSO LIDAR COM ISSO | MAIOR DE TODAS, NÃO CONSIGO AGUENTAR |

1   2   3   4   5   6   7   8   9   10

SITUAÇÃO #1	EU	PESSOA #1	PESSOA #2
VOCÊ TEM QUE SE LEVANTAR NA FRENTE DA TURMA PARA FAZER UMA APRESENTAÇÃO. VOCÊ ESTÁ TÃO NERVOSO QUE APENAS FICA LÁ E NÃO FALA NADA. A TURMA INTEIRA COMEÇA A RIR DE VOCÊ.	SENTIMENTO: _____ INTENSIDADE: _____	SENTIMENTO: _____ INTENSIDADE: _____	SENTIMENTO: _____ INTENSIDADE: _____

SITUAÇÃO #2	EU	PESSOA #1	PESSOA #2
VOCÊ PERCEBE QUE SUA IRMÃ DEIXOU SEU IPAD NA MESA DA COZINHA. VOCÊ DECIDE USÁ-LO SEM PEDIR PERMISSÃO A ELA, E ENTÃO ELA ENTRA E VÊ VOCÊ USANDO-O.	SENTIMENTO: _____ INTENSIDADE: _____	SENTIMENTO: _____ INTENSIDADE: _____	SENTIMENTO: _____ INTENSIDADE: _____

SITUAÇÃO #3	EU	PESSOA #1	PESSOA #2
VOCÊ ESTUDOU MUITO PARA O SEU TESTE DE ORTOGRAFIA E ACHA QUE TALVEZ TENHA SE SAÍDO BEM. QUANDO VOCÊ RECEBE SUA NOTA DE VOLTA, É UM 6.	SENTIMENTO: _____ INTENSIDADE: _____	SENTIMENTO: _____ INTENSIDADE: _____	SENTIMENTO: _____ INTENSIDADE: _____

ATIVIDADE 4 — Sentimentos têm funções

Os sentimentos são os mesmos em todo o mundo. Mesmo que não fale a mesma língua que outra pessoa, você ainda pode comunicar os sentimentos por meio de expressões faciais e linguagem corporal.

Os sentimentos começam em nosso cérebro e em nosso corpo. Nós os expressamos em nosso rosto e por meio de nossas ações. Os sentimentos têm três funções:

- Os sentimentos das outras pessoas são mensagens para nós de que algo está acontecendo com elas.
- Nossos sentimentos são mensagens de que algo está acontecendo conosco e de que precisamos prestar atenção.
- Nossos sentimentos nos enviam mensagens sobre como agir ou como mudar nosso comportamento.

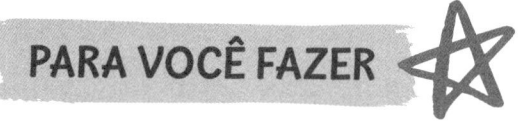

Preencha as lacunas para identificar as diferentes mensagens que as emoções estão comunicando.

Imagine que você está em uma sala de aula em um país cujo idioma você não fala nem compreende. Seria uma situação muito difícil. Comunicar-se com seus colegas de classe e com seu professor seria um desafio. Você compartilha uma mesa com uma colega de classe chamada Ali.

Agora, imagine que um tigre entra na sala de aula e está parado logo atrás de você! Você não pode ver o tigre porque ele está atrás de você, mas Ali pode vê-lo.

O cérebro dela reage imediatamente, e o primeiro pensamento dela é "Um tigre! Temos que _____!". Ali vê o tigre e sente _____!

Você ouve Ali gritar e olha para o rosto dela, que se parece com isso:

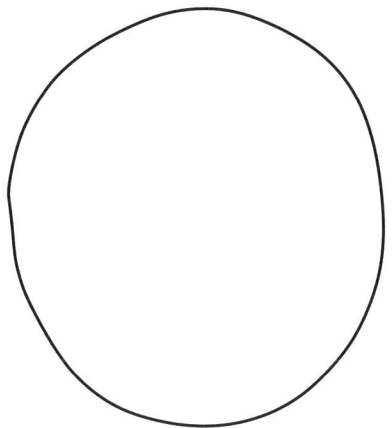

Você não fala o idioma dela, mas sabe que a expressão de Ali significa medo. Quando vê o rosto dela, seu cérebro se comunica com você, dizendo para _____ para trás. Agora você vê o tigre, e seu medo começa em seu cérebro e lhe diz para _____. Todos saem correndo da sala em segurança.

(Ver Apêndice D para obter as respostas.)

MAIS PARA VOCÊ FAZER

Responda a essas perguntas para testar sua compreensão da razão pela qual temos sentimentos. Boa sorte!

1. Ali viu o tigre antes de você, e você viu o medo no rosto de Ali. O que o medo dela estava lhe dizendo?

   _____
   _____
   _____

2. O que seu medo estava dizendo para você detectar ou prestar atenção?

   _____
   _____
   _____

3. Você e Ali não falam a mesma língua, mas ambos tiveram o mesmo sentimento. O que esse sentimento estava motivando você e Ali a fazer?

   _____
   _____
   _____

(Ver Apêndice D para obter as respostas.)

ATIVIDADE 5
Tipos de pensamentos

PARA VOCÊ SABER

O seu cérebro e a sua mente são duas coisas diferentes. Sua mente produz sua imaginação, sua atitude, seus pensamentos e seus sentimentos. Seu cérebro é como uma casa para sua mente.

Pensamentos são coisas que dizemos a nós mesmos. Nossa mente produz diferentes tipos de pensamentos. Existem três tipos de pensamentos que todo mundo tem: pensamentos emocionais (mente emocional), pensamentos factuais (mente factual) e pensamentos racionais (mente racional).

Os pensamentos emocionais se concentram apenas nos sentimentos que você tem sobre uma situação ou um evento. Eles fazem com que cada situação pareça grande e intensa como o fim do mundo. Pensamentos emocionais podem ser muito complicados, e muitas vezes ficamos presos a eles.

Os pensamentos factuais focam apenas coisas que você pode observar — os fatos da situação. Sua mente factual não considera nenhum dos sentimentos ou desejos das pessoas na situação. Usar sua mente factual não muda a intensidade de seus sentimentos como sua mente emocional faz. Sua mente factual não pensa sobre os sentimentos.

Quando mistura seus sentimentos e os fatos da situação, você está usando sua mente racional. Usar sua mente racional é muito difícil, porque você tem que experimentar sentimentos desconfortáveis e fazer boas escolhas ao mesmo tempo.

PARA VOCÊ FAZER

O diagrama a seguir ilustra os três tipos de pensamentos que você tem. Para cada situação, pinte o lugar certo no diagrama para mostrar de onde os pensamentos estão vindo.

Você chega da escola, e seu pai diz que você tem que fazer sua lição de casa antes de poder assistir a algum vídeo do YouTube.

"Eu nunca consigo me divertir!"

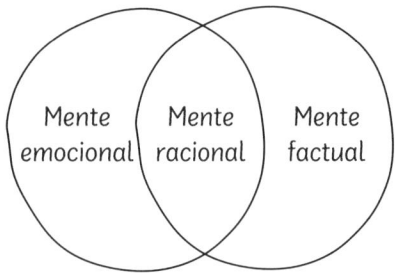

"Eu não gosto de fazer minha lição de casa, mas posso assistir a vídeos depois de fazê-la."

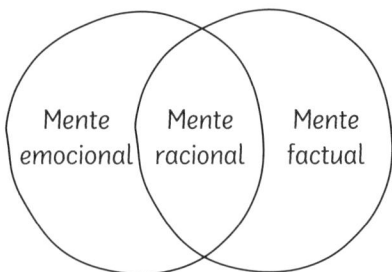

"Eu tenho que fazer minha lição de casa para passar na escola."

Você está jogando um jogo de tabuleiro com seu vizinho Caio. Foi você quem iniciou na primeira rodada, e agora Caio quer ser o primeiro.

"Eu quero ser o primeiro de novo. O certo a fazer é dar a vez a Caio, mesmo que eu não queira."

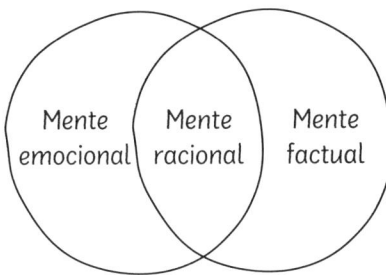

"Caio sempre é o primeiro!"

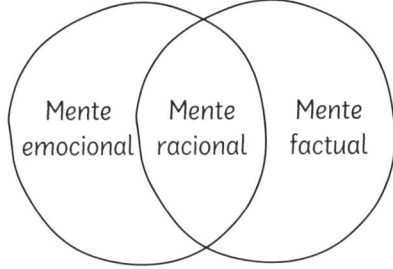

"Apenas uma pessoa pode ser a primeira de cada vez."

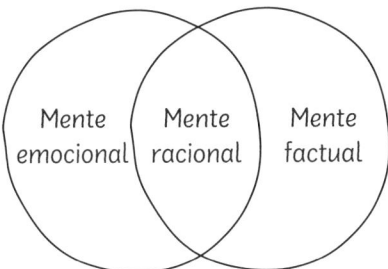

Há muito mais regras no 3º ano escolar do que no 2º. Você parece estar tendo mais dias ruins ultimamente.

"É difícil seguir as regras da escola, mas eu gosto de ver meus amigos todos os dias."

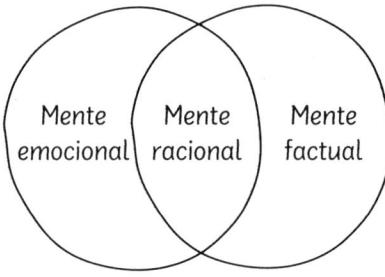

"Eu odeio a escola!"

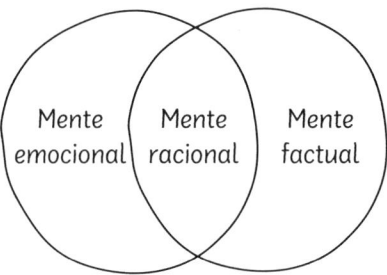

"Adultos e professores são responsáveis pela escola."

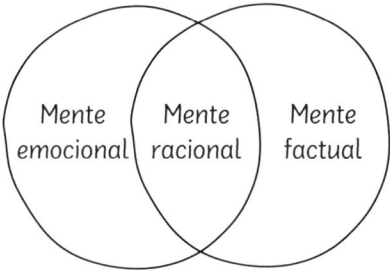

Sua irmã pega seu iPad sem perguntar e você fica com raiva. Você tem o desejo imediato de dar um soco nela.

"Eu odeio ela!"

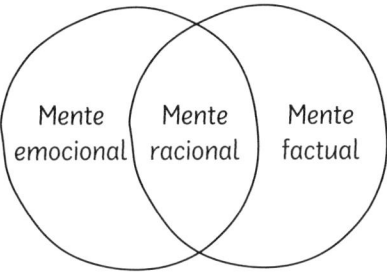

"Há apenas um iPad em casa."

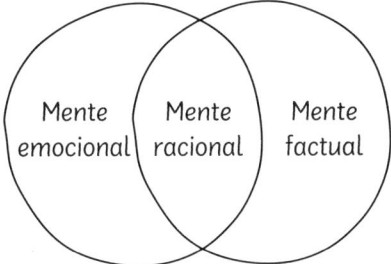

"Eu amo minha irmã, mas ela me deixa tão irritado às vezes!"

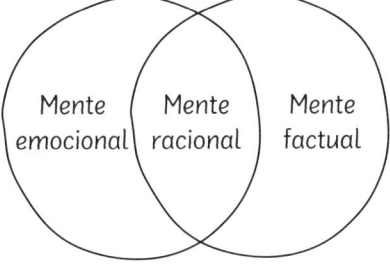

Seus pensamentos

Você pode ter mil ou mais pensamentos por dia. Com a prática, as pessoas são capazes de mudar seus pensamentos, mesmo que não possam controlá-los totalmente.

Você aprendeu sobre os três tipos de pensamentos que você tem. Dependendo do que está acontecendo no momento, você pode ter pensamentos de qualquer uma das três categorias. Sem olhar, veja se consegue se lembrar dos três tipos de pensamentos. Boa sorte!

1. _____

2. _____

3. _____

PARA VOCÊ FAZER

Todo mundo tem momentos em que fica travado em seus pensamentos emocionais. Use as linhas a seguir para escrever sobre uma situação em que muitas vezes você parece ficar preso. Se tiver dificuldade em encontrar uma situação, peça ajuda a um adulto que o conheça bem.

_____

_____

_____

_____

_____

_____

_____

_____

_____

_____

_____

_____

MAIS →

Agora, desenhe uma imagem na caixa para ilustrar a situação.

O Livro da Raiva para Crianças

SEÇÃO 2

Buscando entender a raiva

A raiva é um sentimento forte que pode ficar grande rapidamente! Nesta seção, aprenderemos mais sobre as coisas que nos deixam com raiva, como a raiva vem em diferentes tamanhos e como nossos pensamentos podem piorá-la e mantê-la conosco. A raiva tem uma maneira de dominar nosso cérebro e nossas ações. Isso nem sempre nos leva a tomar as melhores decisões. Use as atividades nesta seção para pensar sobre como a raiva às vezes assume o controle do seu cérebro. Com a prática, você pode aprender a retomar o controle e não deixar que a raiva o coloque em apuros.

ATIVIDADE 7

O que causa raiva?

PARA VOCÊ SABER

Quando você é impedido de alcançar seu objetivo ou não consegue algo que deseja, é natural sentir raiva.

Ficar com raiva é uma parte natural de estar vivo. Todas as pessoas ficam com raiva em algum momento — por exemplo, mães, pais, professores, amigos e até atletas profissionais. Há certas situações em que ficar com raiva é totalmente normal. Às vezes, as pessoas dizem: "Apenas não fique com raiva", mas nunca é tão fácil.

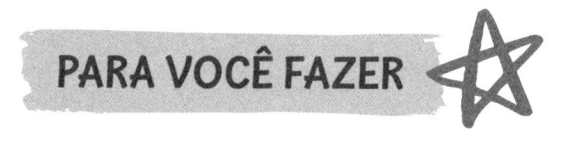

PARA VOCÊ FAZER

Estão listadas na próxima página algumas coisas que causam raiva para a maioria das pessoas. Anote nas linhas em branco um exemplo de uma situação que aconteceu com você. Utilize os três últimos tópicos para adicionar quaisquer outras situações específicas que o deixam com raiva.

- Você não consegue o que quer ou precisa.

- Alguém pega suas coisas sem pedir.

- Você acha que alguém ou alguma coisa é injusta.

- As coisas não saem como você planejou.

- Alguém diz algo maldoso ou desrespeitoso sobre você ou sobre alguém de quem você gosta.

- Você não está entendendo alguma coisa.

-
-
-

ATIVIDADE 8

A raiva vem em muitos tamanhos

PARA VOCÊ SABER

Como a maioria das coisas no mundo, os sentimentos vêm em diferentes tamanhos — pequeno, médio, grande e, às vezes, até enorme.

Como todos os sentimentos, a raiva vem em diferentes tamanhos.
O que deixa você apenas um pouco irritado pode deixar alguém furioso. É importante reconhecer todas as diferentes palavras usadas para descrever os diferentes tamanhos de raiva. Quando a raiva é grande, geralmente é mais fácil de identificar porque ela é muito desconfortável.

Na próxima página estão algumas das palavras que usamos para descrever os diferentes estados de raiva. Mesmo que cada um deles pareça um pouco diferente, todos são uma versão da mesma coisa: raiva.

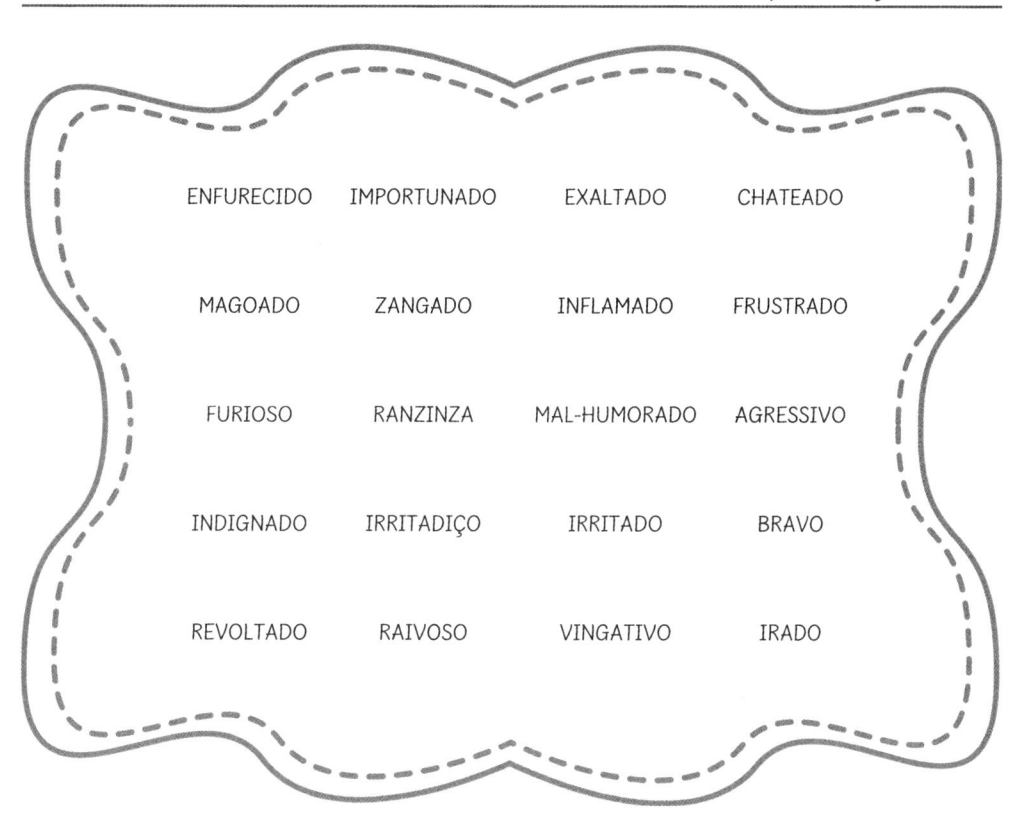

ENFURECIDO	IMPORTUNADO	EXALTADO	CHATEADO
MAGOADO	ZANGADO	INFLAMADO	FRUSTRADO
FURIOSO	RANZINZA	MAL-HUMORADO	AGRESSIVO
INDIGNADO	IRRITADIÇO	IRRITADO	BRAVO
REVOLTADO	RAIVOSO	VINGATIVO	IRADO

PARA VOCÊ FAZER

Você pode adicionar alguma palavra à lista na caixa? Escreva-as aqui.

_____   _____

_____   _____

Complete o caça-palavras na próxima página para revisar e se familiarizar com as palavras ligadas à raiva listadas nesta página.

MAIS →

M	A	L	-	H	U	M	O	R	A	D	O	I	A	I	R
F	A	Z	H	B	K	X	J	-	I	E	S	R	C	A	E
U	F	E	N	F	U	R	E	C	I	D	O	R	W	G	V
R	V	X	-	K	L	C	D	T	M	Y	V	I	J	R	O
I	Z	A	N	G	A	D	O	U	P	G	I	T	-	E	L
O	D	L	S	E	C	F	M	F	O	Z	A	A	I	S	T
S	I	T	O	D	A	T	I	R	R	I	R	D	N	S	A
O	K	A	B	E	Z	S	M	U	T	B	N	I	F	I	D
O	N	D	G	H	J	I	A	S	U	R	H	Ç	L	V	O
V	G	O	J	D	A	V	G	T	N	G	S	O	A	O	E
A	F	Q	R	S	K	O	O	R	A	A	P	L	M	D	O
R	A	N	Z	I	N	Z	A	A	D	M	L	M	A	N	Q
B	R	F	Y	Z	-	C	D	D	O	C	T	W	D	-	B
C	H	A	T	E	A	D	O	O	I	R	A	D	O	H	N
T	I	N	D	I	G	N	A	D	O	P	Q	A	T	R	Y
X	V	S	U	H	W	P	O	V	I	T	A	G	N	I	V

ENFURECIDO   FRUSTRADO   IRRITADO

IMPORTUNADO   FURIOSO   BRAVO

EXALTADO   RANZINZA   REVOLTADO

CHATEADO   MAL-HUMORADO   RAIVOSO

MAGOADO   AGRESSIVO   VINGATIVO

ZANGADO   INDIGNADO   IRADO

INFLAMADO   IRRITADIÇO

(Ver Apêndice D para obter as respostas.)

ATIVIDADE 9

Seus gatilhos de raiva

PARA VOCÊ SABER

Um gatilho de raiva é como o pavio de um rojão. Depois de acendê-lo, ele queima rapidamente até a explosão.

A raiva pode parecer diferente para cada pessoa. Um dos objetivos deste livro é que você se familiarize mais com seus próprios sentimentos de raiva. Entender o que desencadeia a sua raiva é importante para aprender a capturá-la antes que ela fique fora de controle.

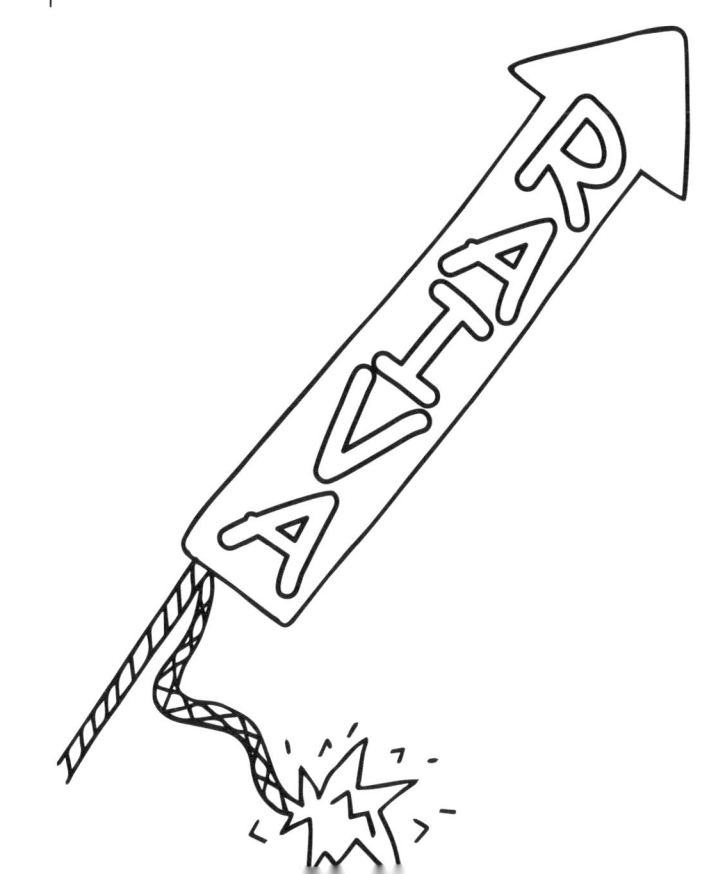

PARA VOCÊ FAZER

Utilize estas linhas para anotar em qualquer ordem as 10 situações mais comuns que levam você a ficar com raiva. Você pode não ser capaz de pensar em 10 de uma só vez. Tudo bem; você sempre pode voltar aqui.

1. _____

2. _____

3. _____

4. _____

5. _____

6. _____

7. _____

8. _____

9. _____

10. _____

MAIS PARA VOCÊ FAZER

Veja a lista que você acabou de criar e coloque-a no quadro a seguir.
Use 10 para classificar a situação que leva à raiva mais intensa e 1 para a mais leve. Em seguida, na coluna à direita, escreva a palavra que você usaria para descrever o sentimento exato. Foram incluídos alguns exemplos. Tente listar ao menos um evento e uma palavra ligada à raiva para cada nível de intensidade.

Se você precisar de ajuda, pode retornar à lista de palavras ligadas à raiva na Atividade 8. Você pode repetir algumas palavras, e tudo bem. Lembre-se, o objetivo é se familiarizar com seus próprios sentimentos de raiva.

CLASSIFICAÇÃO	EVENTO	PALAVRA DE RAIVA
10.	EXEMPLO: Meu irmão excluiu meu jogo salvo!	Furioso
9.		
8.		
7.		
6.		
5.		
4.	EXEMPLO: Não consigo resolver um problema de matemática.	Frustrado
3.		
2.		
1.		

ATIVIDADE 10

Capture!

PARA VOCÊ SABER

As pessoas têm muitos pensamentos diferentes a cada dia. Prestar atenção ou captar seus pensamentos faz parte da atenção plena, e isso exigirá prática.

Você conhece os diferentes tipos de pensamentos que as pessoas têm: pensamentos emocionais, pensamentos factuais e pensamentos racionais. À medida que se concentra na raiva, será importante que você perceba os pensamentos que tem quando está sentindo uma grande raiva ou uma raiva crescente. Muitos dos pensamentos que temos aumentam nossa raiva e nos mantêm nela. Por exemplo, sentar-se e pensar repetidamente sobre um acontecimento que deixou você com raiva a tornará ainda maior, porque seus pensamentos a estão alimentando, ajudando-a a crescer. Você pode aprender a capturar seus pensamentos emocionais, conferi-los e depois mudá-los.

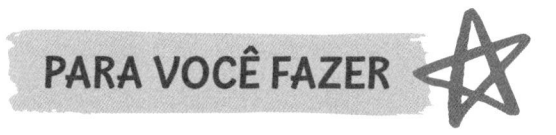

PARA VOCÊ FAZER

Esta atividade irá ajudá-lo a aprender a capturar palavras que são sinais de alerta para pensamentos de uma raiva intensa. Leia as palavras na próxima página e circule as que poderiam alimentar a sua raiva ou torná-la mais forte; esses pensamentos são da sua mente emocional. Sublinhe os que são mais equilibrados, que não são tão drásticos; estes podem vir da sua mente racional. Revisite a Atividade 5 se precisar. Se você não tem certeza do significado de todas as palavras, peça ajuda a um adulto.

ajuda	simpatia	constantemente
nunca	de maneira nenhuma	respeito
odiar	compromisso	interminável
trégua	esqueça	vingança
bondade	absolutamente não	negociar
sempre	todas as vezes	recusar
acordo	meio-termo	calma
para sempre	confiar	paciente

(Ver Apêndice D para obter as respostas.)

ATIVIDADE 11

Verifique!

PARA VOCÊ SABER

Os pensamentos são tão poderosos que basta você pensar em alguma coisa que pode deixá-lo irritado e começará a sentir raiva — mesmo que o que tenha pensado não esteja acontecendo naquele momento.

Pensamentos e sentimentos vêm da sua mente. Um evento acontece, e o que você pensa sobre ele leva aos sentimentos que você tem. Diferentes pensamentos podem fazer com que seus sentimentos fiquem maiores e mais intensos. Os seres humanos comem alimentos para crescer. Seus pensamentos são como alimentos para seus sentimentos. Quanto mais você pensa sobre o que o deixou com raiva, maior fica essa emoção.

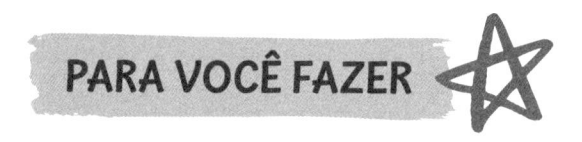

PARA VOCÊ FAZER

Leia a história de José e sublinhe os pensamentos que estão alimentando a raiva dele. Além disso, circule aqueles que ajudam a encolher a sua raiva.

José e seus amigos gostam de jogar futebol durante o recreio na escola, e o time deles quase sempre vence. Na terça-feira, o time de José perdeu e ele estava zangado! A turma fez fila e entrou para a aula de matemática. Enquanto estavam caminhando, José podia ouvir os garotos do time vencedor falando sobre o quão animados estavam por terem vencido. Ele pensou: "Eu não posso acreditar que perdemos. Nós deveríamos ter vencido! O outro time não deveria ter vencido! Eles são horríveis!".

José estava apertando os punhos quando entrou na sala de aula para encontrar seu lugar. Quando pegou seu livro para a aula de matemática, um de seus amigos passou e disse: "Fizemos o melhor que pudemos. Vamos vencê-los da próxima vez". Enquanto pensava sobre isso, José notou que o nó em seu estômago relaxou um pouco, e ele respirou fundo.

A professora iniciou a aula pedindo aos alunos que fizessem o exercício 20. José abriu o livro e descobriu que era um problema sobre um time de futebol. Ele imediatamente pensou: "Eu odeio que tenhamos perdido. Nós deveríamos ter vencido". José notou que estava com a respiração pesada de novo e tendo dificuldade em ouvir as instruções da aula de matemática. A raiva dele estava de volta!

José respirou fundo e disse a si mesmo: "Vamos jogar novamente amanhã", e se concentrou em seus trabalhos escolares.

Nessa história, há pelo menos cinco pensamentos que alimentam a raiva e a tornam maior. Escreva esses pensamentos nos tentáculos do monstro da raiva na próxima página. Lembre-se, esses podem ser pensamentos que vêm de seus sentimentos ou de pensar sobre a situação de novo e de novo.

(Ver Apêndice D para obter as respostas.)

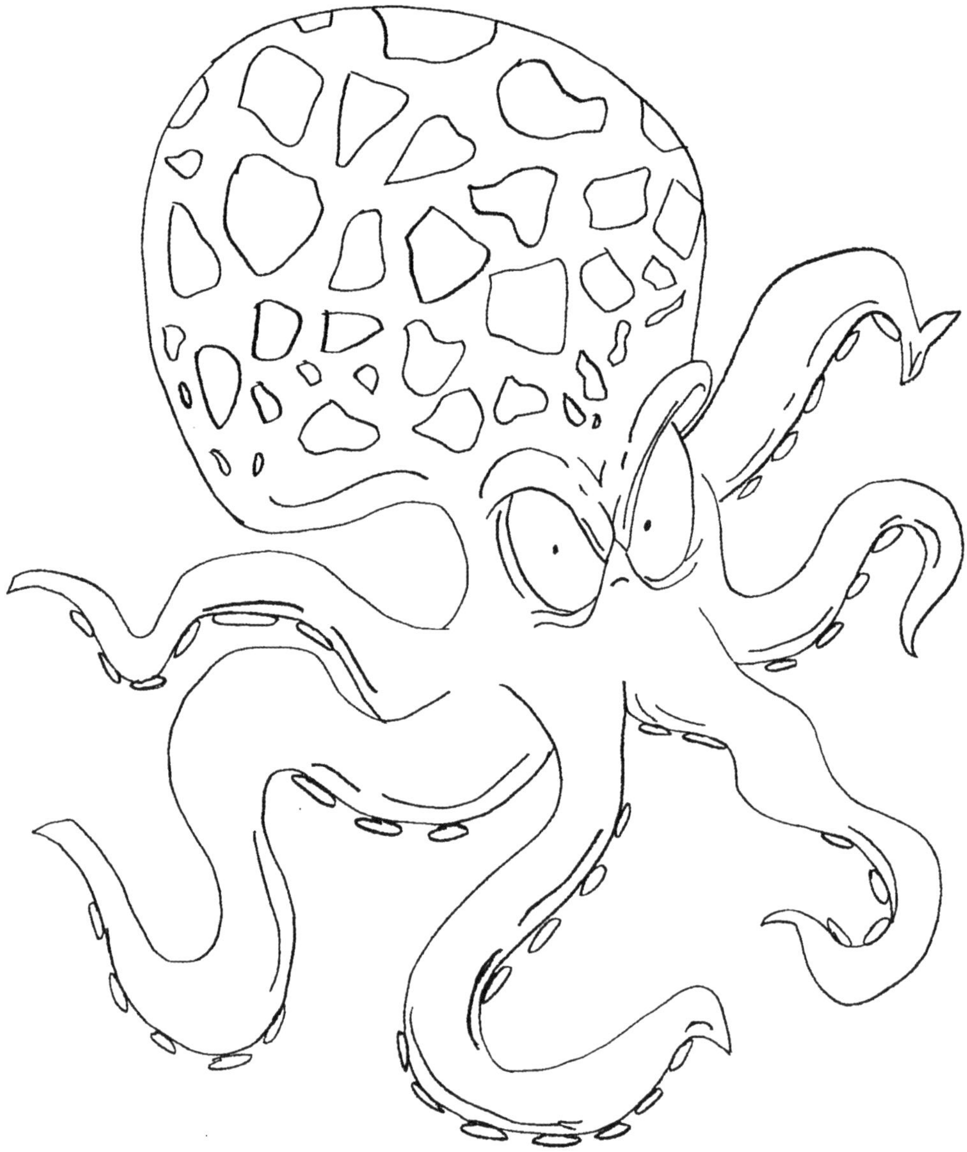

ATIVIDADE 12

Mude!

PARA VOCÊ SABER

Mudar seus pensamentos pode mudar seus sentimentos. Pensar sobre o que causou a raiva acaba alimentando-a, tornando essa emoção cada vez maior. Mudar como você pensa sobre uma situação pode mudar o tamanho da sua raiva.

Você pode mudar como se sente mudando o que está pensando. Se você assistir a um filme triste, isso pode fazer você chorar. Isso porque faz você pensar em coisas tristes acontecendo. A raiva funciona da mesma maneira. Se você continuar a pensar sobre o que o deixou com raiva, ficará com raiva. Se você concentrar sua mente em pensamentos diferentes, seus sentimentos mudarão.

Por exemplo, imagine que você queria passar todo o sábado brincando na rua e, quando acordou, descobriu que ia chover o dia todo. Você ficaria muito irritado, mas entende por quê? O porquê é muito importante.

Seu objetivo era estar fora o dia todo. Choveu, e isso o impediu de estar do lado de fora. Faz sentido que você fique com raiva, porque agora não pode fazer as coisas divertidas que planejou. Se você se sentar o dia todo e pensar apenas em toda a diversão que não está tendo, sua raiva crescerá cada vez mais.

Lembre-se, se você mudar seus pensamentos, pode mudar seus sentimentos. Em vez de pensar que está chovendo enquanto deseja estar do lado de fora, você pode usar seu cérebro para pensar em coisas divertidas para fazer dentro de casa, o que fará com que sua raiva fique cada vez menor ao longo do dia.

Existem **4** coisas que você pode fazer para mudar seus pensamentos durante um momento de raiva:

1.

MUDE O QUE VOCÊ ESTÁ DIZENDO PARA SI MESMO.

Por exemplo, em vez de dizer a si mesmo "Eu deveria estar do lado de fora me divertindo", diga a si mesmo "Eu não posso controlar o clima. Vou encontrar algo divertido para fazer dentro de casa".

2.

MUDE O QUE ESTÁ OLHANDO.

Por exemplo, em vez de sentar-se e olhar a chuva pela janela, assista a seu filme favorito e concentre-se nele.

3.

MUDE O QUE VOCÊ ESTÁ FAZENDO.

Por exemplo, em vez de andar pela casa reclamando de não estar lá fora, encontre algo para fazer que exija sua atenção. Isso pode ser um videogame, um quebra-cabeças, um artesanato ou a construção de algo novo com Lego.

4.

MUDE ONDE VOCÊ ESTÁ.

Por exemplo, se permanecer em casa é difícil por ficar pensando na chuva, pergunte aos seus pais se você pode ir à biblioteca ou a uma loja.

PARA VOCÊ FAZER

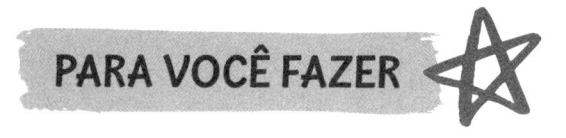

Leia as situações a seguir e escreva sobre como você tentaria mudar seus pensamentos para mudar sua raiva.

Seu irmão entrou em seu mundo de Minecraft e destruiu as pontes que você acabou de construir. Você está sentado à mesa do jantar com sua família, e seu irmão está sentado à sua frente. Você fica pensando consigo mesmo: "Eu não posso acreditar que ele destruiu minhas pontes! Ele é um idiota!". Mude o que você está dizendo a si mesmo para mudar sua raiva. O que você poderia pensar em vez disso?

_____

_____

_____

_____

_____

Você estava querendo usar sua mesada para comprar um skate novo, mas seus pais não deixaram. Você só consegue pensar em um novo skate e está olhando seus favoritos na internet. Quanto mais olha para eles, mais irritado você fica porque não pode ter um. Mude o que você está olhando para mudar sua raiva. O que você poderia olhar em vez disso?

_____

_____

_____

_____

_____

Você está jogando basquete com as crianças do bairro, e uma delas fica xingando você. Você percebe que está ficando cada vez mais irritado, e sua raiva está ficando mais difícil de controlar. Mude o que você está fazendo para mudar sua raiva.
O que você poderia fazer em vez disso?

_____

_____

_____

_____

_____

_____

_____

Você está sentado na sala jogando seu videogame, seu irmão entra e fica interrompendo com perguntas. Ele está irritando você e não vai parar. Mude onde você está para mudar sua raiva. Aonde você poderia ir em vez de permanecer na sala?

_____

_____

_____

_____

_____

_____

_____

ATIVIDADE 13

A raiva em seu corpo

PARA VOCÊ SABER

Seu cérebro envia sinais para todo o seu corpo uma ou duas vezes a cada segundo. Tudo junto, isso soma entre 86 e 172 mil sinais vindo do seu cérebro para o seu corpo todos os dias.

Quando você está com raiva, são liberadas substâncias químicas que afetam não apenas seu cérebro, mas também como seu corpo e seus músculos se sentem. Uma grande raiva será imensamente sentida em seu corpo. A raiva será mais fácil de controlar se você puder aprender a identificá-la enquanto ela estiver pequena. Prestar atenção em como seu corpo se sente quando você está com raiva irá ajudá-lo a fazer isso. Complete a atividade na próxima página e lembre-se de que talvez seja necessário voltar a ela uma e outra vez para adicionar itens. Para se familiarizar com a raiva em seu corpo, é preciso muita paciência e prática.

PARA VOCÊ FAZER

Pinte esta imagem para mostrar onde você sente raiva em seu corpo.

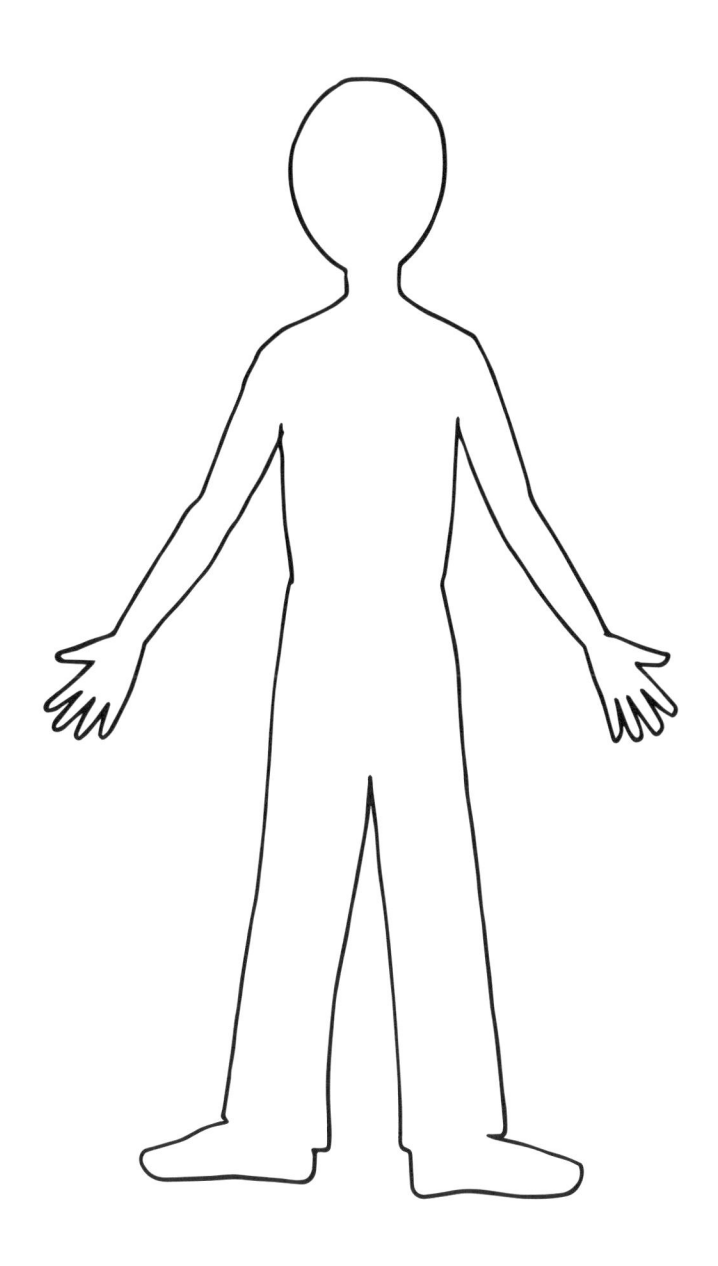

ATIVIDADE 14

Expressões de raiva

PARA VOCÊ SABER

A raiva é apenas um dos mais de 25 diferentes sentimentos que os humanos naturalmente experimentam na vida.

É tentador pensar em nunca mais ficar com raiva; assim ela não seria um problema. Mas isso é impossível. Todo mundo sente raiva, e você sempre terá situações que o deixarão com raiva. Quando você fica com raiva e se envolve em problemas, não é sua emoção que o coloca em apuros — são as suas ações.

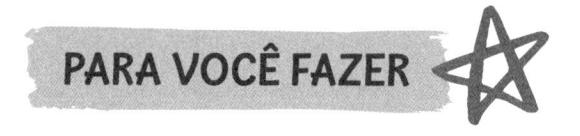

PARA VOCÊ FAZER

Você já se empenhou para perceber como a raiva se expressa em seu corpo. Agora, reserve algum tempo para pensar sobre o que você faz quando está com raiva. Preencha as lacunas a seguir sobre o tamanho da raiva, com 10 sendo a raiva mais forte que você sentiu.

Veja um exemplo:

Como sinto no meu corpo: _com uma pedra no estômago_

O que estou fazendo (comportamentos): _rosto enrugado, respiração pesada_

Você também pode achar útil perguntar a um adulto que o conhece bem o que ele nota que você faz quando fica com raiva.

INTENSIDADE DA RAIVA

10
Como sinto no meu corpo: _____

O que estou fazendo (comportamentos): _____

8-9
Como sinto no meu corpo: _____

O que estou fazendo (comportamentos): _____

6-7
Como sinto no meu corpo: _____

O que estou fazendo (comportamentos): _____

5
Como sinto no meu corpo: _____

O que estou fazendo (comportamentos): _____

3-4
Como sinto no meu corpo: _____

O que estou fazendo (comportamentos): _____

1-2
Como sinto no meu corpo: _____

O que estou fazendo (comportamentos): _____

ATIVIDADE 15

Impulsos de raiva

PARA VOCÊ SABER

Antes de agir, você tem um pensamento, mesmo que isso possa acontecer tão rapidamente que você nem percebe. Nós chamamos esses pensamentos de "impulsos". Quando você pensa em algo que quer fazer — realmente quer fazer — isso é um impulso.

Quando a raiva é intensa, ela toma conta do seu cérebro e encoraja que você aja de uma certa maneira. O truque é que você não precisa ouvir todos os impulsos que tem. Você pode não fazer nada e esperar que tudo passe, ou pode fazer o oposto. É como jogar um jogo de o mestre mandou. Quando o líder diz: "Pise com o pé esquerdo", você quase pode sentir seu pé se mover, mas não o faz porque não foi dito "o mestre mandou". Tire alguns minutos para jogar o mestre mandou e veja se percebe algum impulso que você tem. Praticar isso irá ajudá-lo a identificar os impulsos que tem quando está com raiva.

PARA VOCÊ FAZER

O quadro a seguir mostra os passos que levam a agir sob influência da raiva. Preencha as informações que faltam.

SITUAÇÃO	PENSAMENTO	IMPULSO	AÇÃO
O SEU PAI FAZ VOCÊ SAIR DO VIDEOGAME.	Não! Eu não terminei o meu jogo.	Eu quero quebrar alguma coisa!	Jogar o controle contra a parede.
O PROFESSOR NÃO CHAMA VOCÊ PRIMEIRO NA SALA DE AULA, MESMO QUE VOCÊ ESTEJA COM A MÃO LEVANTADA.	Isso não é justo!		
SEU IRMÃO ENTRA SUTILMENTE EM SEU QUARTO E DESTRÓI SUA CONSTRUÇÃO DE LEGO.	Que idiota!	Eu vou quebrar as coisas dele.	
VOCÊ DESCOBRE QUE SEU MELHOR AMIGO CONTOU UMA MENTIRA SOBRE VOCÊ PARA OUTRO AMIGO.			Contar a todos na sala de aula uma mentira sobre seu amigo.

ATIVIDADE 16

Desacelere

PARA VOCÊ SABER

As mensagens de raiva se movem pelo seu cérebro e pelo resto do seu corpo mais rápido do que você pode imaginar. Seu cérebro e o resto do seu corpo enviam mensagens um para o outro na velocidade de aproximadamente 431 km/h.

Até agora, neste livro, você já aprendeu muito. Você trabalhou na identificação dos diferentes tipos de pensamentos que tem e nas situações que causam raiva. Você aprendeu como os pensamentos da mente emocional fazem sua raiva aumentar em intensidade. Também falamos sobre como identificar a forma como a raiva é sentida em seu corpo.

O animal mais rápido da Terra é o guepardo, que pode correr a mais de 100 km/h. Enquanto as tartarugas andam a aproximadamente 4-6 km/h. Isso é muito lento! Quando você pratica o controle de sua raiva, é melhor pensar como uma tartaruga do que como um guepardo.

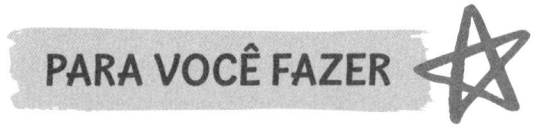

PARA VOCÊ FAZER

Use o exercício a seguir para desacelerar e registrar as diferentes partes de uma situação de raiva recente. Esse material também está disponível *on-line* na página do livro em loja.grupoa.com.br. Você pode imprimir várias cópias para praticar; se precisar de ajuda, peça a um adulto. Quanto mais você praticar, mais fácil se tornará.

O Livro da Raiva para Crianças

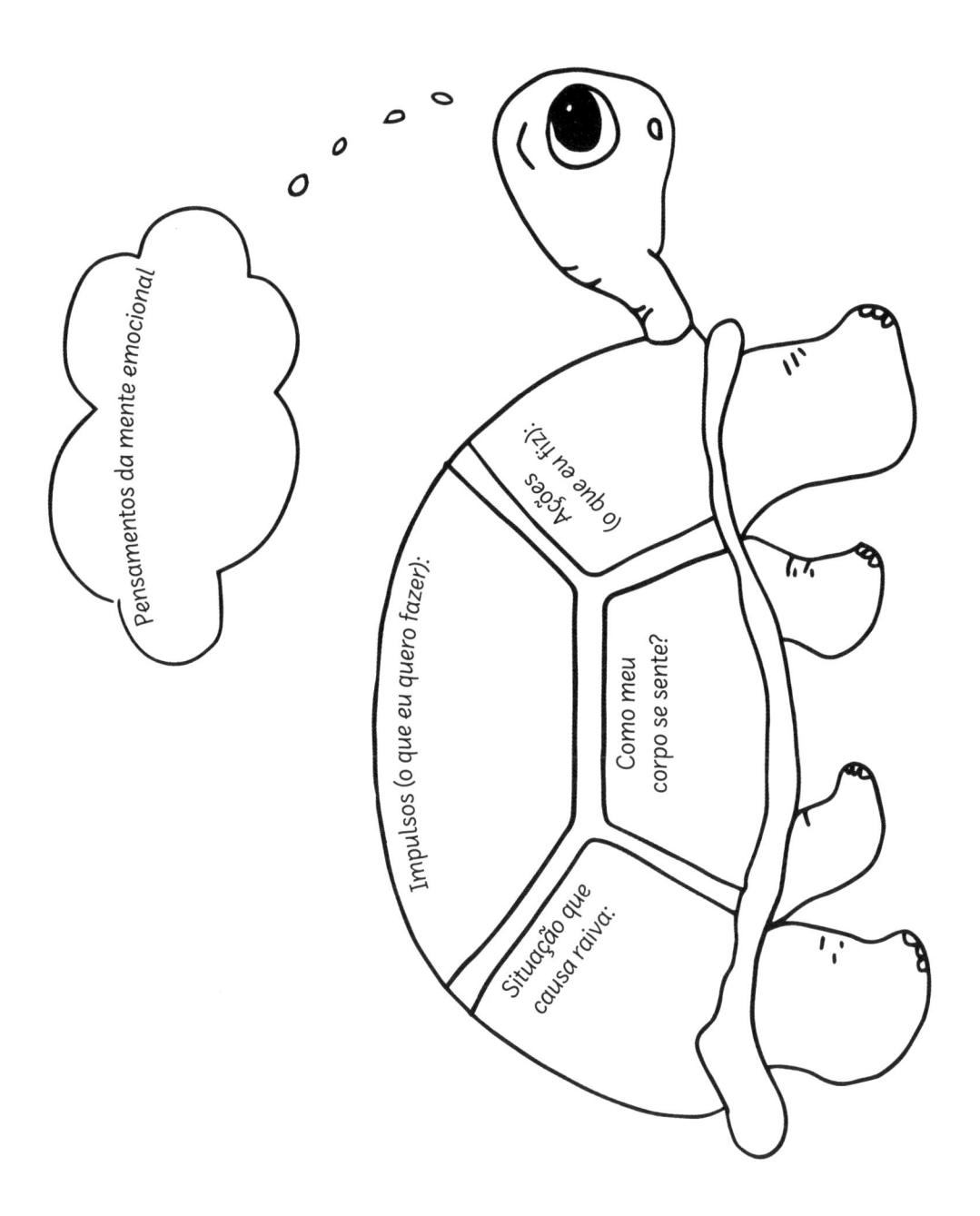

Pensamentos da mente emocional

Ações (o que eu fiz):

Impulsos (o que eu quero fazer):

Como meu corpo se sente?

Situação que causa raiva:

ATIVIDADE 17

Mensagens de raiva

PARA VOCÊ SABER

Na época dos homens das cavernas, nossos sentimentos enviavam mensagens ao nosso cérebro que salvavam nossas vidas, alertando-nos sobre o perigo. Ainda hoje, nossos sentimentos são a forma do nosso cérebro se comunicar conosco e com os outros.

Cada um dos sentimentos listados a seguir está enviando uma mensagem diferente.

SENTIMENTO	MENSAGEM
ANSIEDADE/MEDO	PERIGO! CORRA! PROTEJA-SE!
DESGOSTO	NOJENTO! NÃO TOQUE NISSO!
CULPA	VOCÊ COMETEU UM ERRO. PEÇA PERDÃO. DESCULPE-SE.
ORGULHO	VOCÊ SE SAIU BEM! CONTE AOS OUTROS SOBRE O SEU SUCESSO.
AMOR	PASSE MAIS TEMPO COM A PESSOA.

PARA VOCÊ FAZER

A raiva pode nos enviar mensagens úteis e inúteis. Leia as mensagens a seguir e circule ou pinte as que são úteis.

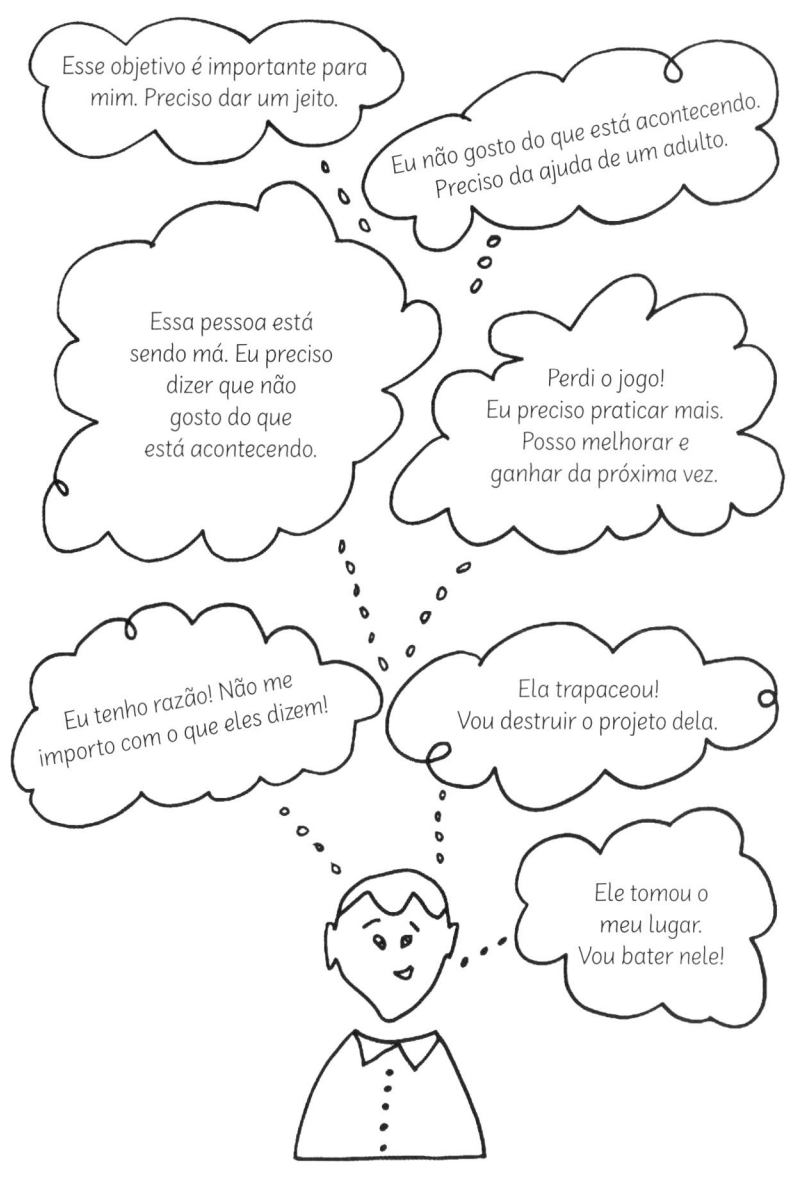

- Esse objetivo é importante para mim. Preciso dar um jeito.
- Eu não gosto do que está acontecendo. Preciso da ajuda de um adulto.
- Essa pessoa está sendo má. Eu preciso dizer que não gosto do que está acontecendo.
- Perdi o jogo! Eu preciso praticar mais. Posso melhorar e ganhar da próxima vez.
- Eu tenho razão! Não me importo com o que eles dizem!
- Ela trapaceou! Vou destruir o projeto dela.
- Ele tomou o meu lugar. Vou bater nele!

(Ver Apêndice D para obter as respostas.)

ATIVIDADE 18

Espere até que a raiva passe

PARA VOCÊ SABER

Os sentimentos são como tempestades; eles não duram para sempre. Se você esperar tempo suficiente, a chuva vai parar e você vai poder sair. Se você esperar o suficiente, a raiva também passará.

Quando você fica com raiva, é importante lembrar que o sentimento não dura para sempre. O sentimento de raiva, assim como todos os seus outros sentimentos, vai embora depois de um tempo. O que você pode notar é que, uma vez que a raiva passa, existem alguns efeitos secundários. Você tem que dar ao seu cérebro algum tempo a mais para voltar ao normal. É como sair de um parque aquático. Você não está mais na água, mas ainda está molhado. É necessário esperar um pouco para secar antes de entrar no carro.

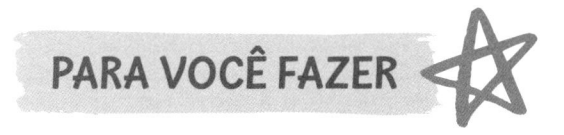

PARA VOCÊ FAZER

A lista na próxima página inclui algumas coisas comuns que acontecem depois que uma pessoa fica com raiva. Leia e use as linhas em branco para adicionar outras coisas que você tenha notado em si mesmo. Pinte os círculos ao lado dos três que mais acontecem com você.

- Pensar **apenas** na situação que o deixou com raiva e em nada mais.
- Pensar **insistentemente** sobre a situação que o deixou com raiva.
- Conversar com os outros **repetidamente** sobre a situação que o deixou com raiva.
- Pensar na pessoa que te deixou com raiva.
- Lembrar outras vezes em que a mesma coisa aconteceu.
- Imaginar situações no futuro em que você pode estar com raiva.
- Imaginar o que você vai fazer ou dizer da próxima vez que a situação acontecer.
- Sentir-se instável.
- Respirar pesadamente.
- _____
- _____
- _____

MAIS PARA VOCÊ FAZER

Várias coisas positivas podem acontecer se você esperar que sua raiva passe. Este quadro mostra algumas coisas positivas (prós) e outras negativas (contras) sobre esperar que sua raiva passe *versus* agir em um momento de raiva. Parte do quadro foi preenchida. Tire algum tempo para preencher mais dos prós e contras.

	QUE COISAS POSITIVAS PODEM ACONTECER?	QUE COISAS NEGATIVAS PODEM ACONTECER?
ESPERAR	*Fazer melhores escolhas.* *Não machucar os outros.* _____ _____ _____ _____ _____	*Sentir-se desconfortável.* *Não é fácil.* _____ _____ _____ _____ _____

	QUE COISAS POSITIVAS PODEM ACONTECER?	QUE COISAS NEGATIVAS PODEM ACONTECER?
AGIR	*Sentir-se bem por um breve momento.*	*Meus comportamentos machucam os outros.*
		Minhas amizades são prejudicadas.

ATIVIDADE 19

Querida raiva

PARA VOCÊ SABER

Lutar contra a raiva não significa que você seja uma pessoa ruim. A raiva é apenas uma parte de quem você é.

Quando a raiva é intensa, pode parecer que ela está mandando em você e que não há escolha a não ser agir. Quando isso acontece constantemente, você pode começar a pensar que é uma pessoa ruim. A verdade é que, com a prática, você sempre pode estar no controle de seus pensamentos e de suas ações. Em vez de sua raiva dar as ordens, você passa a estar no controle do que faz.

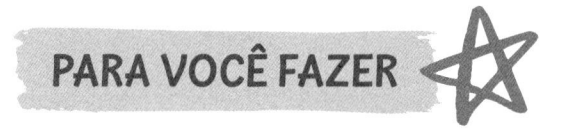

PARA VOCÊ FAZER

Coloque uma cadeira vazia na sua frente e imagine que sua raiva está sentada ali. Essa é a mesma raiva que assume o controle de seus pensamentos e tenta assumir o controle de seus comportamentos! Escreva uma carta para sua raiva para que ela saiba como você se sente e o que planeja fazer no futuro quando estiver irritado.

Querida raiva

SEÇÃO 3

A raiva pode ferir os outros

Quando ficamos com raiva, muitas vezes atacamos outras pessoas. Isso ocorre porque fazer e manter amigos pode ser difícil, e interagir com os outros pode ser um desafio. Revisamos os sentimentos básicos, aprendemos sobre três maneiras diferentes de pensar e nos concentramos em entender sua raiva.

Nesta seção, vamos olhar um pouco mais de perto como sua raiva pode estar afetando suas amizades e dificultando o convívio com outras pessoas.

ATIVIDADE 20

Quando a raiva estraga as amizades

PARA VOCÊ SABER

Todos os amigos têm desentendimentos uns com os outros de vez em quando — isso é totalmente normal. Mas as amizades são importantes, e bons amigos tratam uns aos outros com respeito, mesmo quando estão com raiva.

Você já foi à praia e construiu um castelo de areia? Castelos de areia podem ser complicados. Leva tempo para construir um, e você pode cometer erros ao longo do caminho, tendo que parar e consertar as coisas até que o castelo pareça estar forte o suficiente para ficar de pé. Depois de construir seu castelo de areia, é necessário tomar cuidado com as ondas que vêm do oceano. Se elas atingirem o castelo, ele desmoronará lentamente.

Suas amizades são como castelos de areia, e as ondas do oceano são como as ações de sua raiva. Se suas ações raivosas continuarem atingindo suas amizades, elas podem desmoronar com o tempo. E quando a raiva se torna tão intensa a ponto de controlar seus comportamentos, ela pode começar a destruir lentamente suas amizades.

Existem maneiras de evitar que as ondas atinjam seu castelo de areia. Você pode construir um fosso profundo, ou uma trincheira, ao redor do seu castelo. Isso protegerá seu castelo de areia, não importa o quão grandes as ondas fiquem. Como o fosso ao redor do seu castelo de areia, as habilidades de enfrentamento que você aprende neste livro ajudarão a proteger suas amizades das ondas de raiva.

O Livro da Raiva para Crianças   61

PARA VOCÊ FAZER

Pinte a imagem e nomeie as ondas com ações de raiva que lentamente destroem amizades.

ATIVIDADE 21

Que mensagens você está enviando?

PARA VOCÊ SABER

As amizades são construídas com as ações que você mostra às pessoas constantemente, não com palavras.

Há razões pelas quais temos sentimentos. Uma delas é enviar mensagens para nós mesmos e também para as pessoas ao nosso redor. Toda vez que estamos perto de outras pessoas, estamos enviando mensagens com nossas palavras e ações. Os sentimentos que você tem mudarão as mensagens que você envia. Por exemplo, quando você está se sentindo feliz, pode estar sorrindo e sendo amigável com as pessoas. Isso envia a mensagem de bom humor e de vontade de estar perto delas. Isso pode dizer a elas que você é uma boa pessoa para se ter por perto.

Nesta atividade, vamos pensar sobre quais mensagens nossa raiva está enviando para os outros. É importante pensar sobre isso, porque às vezes nossa raiva fica tão grande e intensa que envia mensagens que não queremos. Quando isso acontece com frequência, os outros começam a nos ver como uma pessoa irritada ou desagradável de se ter por perto.

PARA VOCÊ FAZER

Para cada pergunta, marque a resposta mais próxima do que você provavelmente faria. Em seguida, continue lendo para ver o que suas respostas podem dizer sobre você.

Quando alguém faz você se sentir com raiva, o que é mais provável que você faça?

1. Gritar, empurrar ou bater.
2. Suspirar profundamente.
3. Afastar-se e fazer uma pausa.

No recreio, você perde o jogo. O que é mais provável que você faça?

1. Parar e se recusar a jogar mais.
2. Apertar a mão da equipe vencedora.
3. Sentir-se desapontado e seguir em frente para tentar uma nova partida.

Você e seu amigo estão jogando Banco Imobiliário, e você perde. O que é mais provável que você faça?

1. Gritar: "Não! Você trapaceou!. E derrubar as peças da mesa.
2. Arrumar o tabuleiro para jogar novamente.
3. Soltar um grande suspiro e fazer uma cara triste.

Você está jogando *videogame* e seu pai chega para avisar que você tem que ir para a cama. Você quer continuar jogando. O que é mais provável que você faça?

1. Gritar: "Não! Saia daqui!". E se recusar a encerrar o jogo.
2. Dizer: "Aaaaah, tudo bem". Salvar o jogo e guardar o controle.
3. Sorrir e alegremente guardar o jogo.

Você está trabalhando em uma nova criação de Lego há mais de uma semana. Seu irmão a derruba da mesa e ela quebra. O que é mais provável que você faça?

1. Empurrar seu irmão e chamá-lo de idiota.
2. Gritar: "Não! Olha o que você fez!".
3. Berrar: "Pare! Você a destruiu!".

Olhe para as suas respostas. Quantas respostas de número 1 você marcou? Essas são todas ações e palavras que mostram que você está deixando a raiva controlá-lo e prejudicar seus relacionamentos. Sobretudo, significam que você precisa continuar a praticar sentir raiva sem agir com raiva.

ATIVIDADE 22

Que tipo de pessoa você quer ser?

PARA VOCÊ SABER

"Dê o seu melhor para tornar a bondade atrativa. Esta é uma das tarefas mais difíceis que você já recebeu."

–Sr. Rogers

Pense nas crianças da sua turma. Há aquelas que você sabe que irão ajudá-lo se você precisar. Há aquelas que não jogam limpo ou sempre têm que ir primeiro. Há crianças que você pode ter certeza de que compartilharão e há aquelas que parecem nunca compartilhar.

Quando você tem dificuldades com a raiva, isso pode começar a mudar o tipo de pessoa que você é, e outras pessoas podem notar. Enquanto estiver aprendendo a controlar sua raiva, reserve um tempo para pensar sobre como você interage com os outros e o que deseja que os outros pensem a seu respeito.

Pense em algumas das pessoas com quem você passa seu tempo. O que torna essas pessoas boas amigas? O que torna algumas pessoas difíceis de se conviver? Por que você gosta de sair com algumas pessoas e não com outras?

PARA VOCÊ FAZER

Valores são características ou coisas que você considera importantes e representam o tipo de pessoa que você deseja ser. A seguir, está uma lista de quinze valores e ações comuns que acompanham cada um. Na coluna à esquerda, coloque uma marca ao lado de dez valores que você considera importantes e representam o tipo de pessoa que você deseja ser. Se precisar de ajuda nesta atividade, peça a um adulto de confiança.

✓	VALOR	AÇÃO
	HONESTIDADE	DIZER A VERDADE
	GENTILEZA	USAR PALAVRAS GENTIS
	AJUDAR OS OUTROS	SEGURAR A PORTA PARA ALGUÉM
	SEGURANÇA	NÃO FERIR FISICAMENTE OS OUTROS
	RESPONSABILIDADE	CUIDAR BEM DAS SUAS COISAS
	AMIZADE	TRATAR BEM AS PESSOAS PARA MANTER AMIZADES
	GRATIDÃO	SER GRATO PELAS COISAS QUE VOCÊ TEM NA SUA VIDA
	APRENDIZAGEM	ESFORÇAR-SE NA ESCOLA PARA APRENDER UMA MATÉRIA NOVA
	TRABALHO EM EQUIPE	TRABALHAR JUNTO COM OUTROS PARA ALCANÇAR UM OBJETIVO
	BRAVURA/CORAGEM	TENTAR COISAS MESMO QUANDO ESTÁ NERVOSO OU COM MEDO
	COMPARTILHAMENTO/ GENEROSIDADE	PERMITIR A TERCEIROS A CHANCE DE USAR ITENS COMPARTILHADOS
	POLIDEZ	USAR BOAS MANEIRAS AO INTERAGIR COM OUTRAS PESSOAS
	ESFORÇO	DAR O SEU MELHOR NAS COISAS QUE VOCÊ FAZ
	ESCUTA	ESCUTAR OS AMIGOS QUANDO ELES PRECISAM DE ALGUÉM COM QUEM FALAR
	CONFIANÇA	FAZER O QUE VOCÊ DIZ QUE VAI FAZER

MAIS PARA VOCÊ FAZER

Agora que você já pensou no tipo de pessoa que deseja ser, vamos pensar em quais ações podem ajudá-lo nessa meta. Escreva cada valor que você escolheu e acrescente uma ideia do que você poderia fazer para tornar isso realidade em sua vida — em outras palavras, uma ação que esteja de acordo com o valor. Um exemplo já está pronto.

Valor (o que é importante para mim): _Gentileza_

Ação (o que posso fazer para mostrar meu valor): _Ajudar uma criança que deixa cair suas coisas no corredor_

Valor: _____

Ação: _____

Valor: _____

Ação: _____

Valor: _____

Ação: _____

Valor: _____

Ação: _____

Valor: _____
Ação: _____

Valor: _____
Ação: _____

Valor: _____
Ação: _____

Valor: _____
Ação: _____

Valor: _____
Ação: _____

Valor: _____
Ação: _____

ATIVIDADE 23

Consertando relacionamentos afetados pela raiva

PARA VOCÊ SABER

Quando a raiva aumenta, ela atrapalha os relacionamentos. É normal que às vezes as pessoas tenham desentendimentos. Quando você tiver desentendimentos com amigos (ou familiares), é importante tomar medidas para reparar qualquer dano.

Para consertar um relacionamento, você pode se desculpar e prometer mudar seu comportamento. Enquanto você ainda estiver praticando o controle de sua raiva, talvez tenha de fazer isso com mais frequência. É preciso prática para mudar seu comportamento, e todos cometem erros ao longo do caminho.

PARA VOCÊ FAZER

Leia cada situação a seguir e anote o que a pessoa poderia dizer e fazer para se desculpar.

Você está jogando *videogame* com seu amigo e perde no nível 4. Você está com tanta raiva que joga seu controle em seu amigo e o chama de trapaceiro.

PALAVRAS DE DESCULPA:	AÇÕES DE DESCULPA:

Você está aprendendo um novo conteúdo em matemática e está achando muito confuso. Você não entende o que o professor está explicando. Isso o deixa com raiva de si mesmo e você se sente um pouco envergonhado na frente de seus colegas. João, sentado ao seu lado, levanta a mão e acerta a resposta. Você joga um lápis nele, dizendo "Nerd!" e acaba tendo que ir até a sala do diretor.

PALAVRAS DE DESCULPA:	AÇÕES DE DESCULPA:

Você está fazendo fila no recreio para voltar para dentro da sala. Você corre para ficar na frente, e seu colega Samuel chega antes de você. Ele conseguiu ser o primeiro ontem, e você está com tanta raiva que, sem nem pensar, o empurra e ele cai.

PALAVRAS DE DESCULPA:	AÇÕES DE DESCULPA:

Você teve um dia difícil na escola e agora sua mãe quer que você vá à loja com ela. Tudo o que você realmente quer fazer é ficar imóvel no sofá jogando *videogame*. Sua mãe insiste que você vá com ela. Você fica irritado, xinga sua mãe e diz: "Eu odeio que você seja minha mãe!".

PALAVRAS DE DESCULPA:	AÇÕES DE DESCULPA:

ATIVIDADE 24

Faça um acordo

PARA VOCÊ SABER

Ter um desentendimento com os amigos pode ser útil; vocês podem se aproximar e aprender a ser melhores amigos.

Todas as pessoas têm desentendimentos; isso é uma parte normal da vida. O que é importante quando você tem um desentendimento com alguém é como reage ou como trata a outra pessoa. Fazer um acordo é uma maneira de superar um obstáculo com alguém. Algumas pessoas chamam isso de encontrar um "meio-termo" ou fazer uma "negociação". Fazer um acordo significa que quando cada pessoa quer algo diferente, ou pensa algo diferente, elas estão dispostas a ceder um pouco até que possam chegar a um consenso. Para praticar isso, você tem que ser capaz de manter a calma e pensar em como a outra pessoa está se sentindo na situação. Isso pode ser difícil de fazer quando você está com raiva.

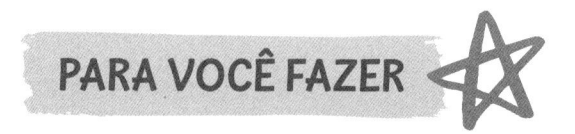

PARA VOCÊ FAZER

Leia as situações a seguir e circule a opção que você acha que é a melhor escolha para fazer um acordo ou chegar a um consenso. Pode haver mais de uma resposta.

1. Júlio e Cristina querem *pizza* para o jantar. A mãe deles os está deixando decidir para onde querem ir. Júlio quer ir à Pizzaria Nona e Cristina quer ir à Pizzaria Porto.

   a. Ir à Pizzaria Nona.

   b. Ir à Pizzaria Nona esta semana e ir à Pizzaria Porto na próxima.

   c. Ir à Pizza Porto.

   d. Ir para casa e fazer *pizza* caseira.

2. A família Silva está indo à praia de carro em uma viagem de férias. Jonas e Carol querem se sentar no banco da frente e estão brigando antes mesmo de saírem de casa! A mãe lhes diz para chegarem a um consenso e fazerem um acordo.

   a. Jonas e Carol andam no banco de trás durante toda a viagem.

   b. Jonas e Carol concordam em se revezar no banco da frente, mudando a cada parada.

   c. Jonas senta-se na frente no caminho para a praia e Carol no caminho de volta para casa.

   d. Jonas e Carol se recusam a ceder, e a família não pode sair de casa.

3. Andreia quer uma bicicleta nova. A bicicleta custa R$ 100,00 a mais do que sua mãe está disposta a gastar.

   a. A mãe de Andreia paga a diferença porque essa é a bicicleta que a filha quer.

   b. A mãe de Andreia diz que a bicicleta que ela já tem é boa o suficiente.

   c. Andreia e sua mãe decidem dividir o custo da bicicleta nova. Andreia usa sua mesada para pagar sua metade.

   d. Andreia se recusa a conversar com sua mãe e debater ideias. Ela quer a bicicleta nova agora!

(Ver Apêndice D para obter as respostas.)

SEÇÃO 4

Reagindo contra a raiva

A raiva é um sentimento muito forte, mas você não precisa deixá-la assumir o controle de suas ações. Você pode reagir contra ela quando a sente crescendo dentro de você. Nesta seção, serão abordadas as habilidades de enfrentamento que você já tem e, em seguida, você aprenderá outras que podem ser usadas para ajudar a controlar sua raiva e também a manter seus relacionamentos seguros e felizes.

Lembre-se de que o objetivo não é nunca sentir raiva. O objetivo é ser capaz de sentir raiva (como todas as pessoas sentem) e ainda permanecer no controle de seus comportamentos. Isso requer muita prática!

ATIVIDADE 25

Quais ferramentas você já testou?

PARA VOCÊ SABER

Cuidar das coisas, como sua casa ou sua bicicleta, requer ferramentas. Cuidar de seus sentimentos e amizades também requer ferramentas, mas elas são de um tipo diferente. Usamos essas ferramentas com nossas mentes, nossos pensamentos e nossas ações para melhorar a maneira como manejamos nossa raiva , e elas nos ajudam a cuidar das pessoas e das coisas que são importantes para nós.

Até agora, neste livro, revisamos sete maneiras de manejar seus pensamentos, sentimentos e ações. Revise todas elas e use a lista para ajudá-lo a concluir os exercícios do "Para você fazer".

✔ **Mente racional** (Atividade 5): Para tomar uma decisão sábia, use sua mente racional para equilibrar os fatos da situação com os sentimentos que você está tendo.

✔ **Capture** (Atividade 10): Pare e observe o que está acontecendo dentro e fora de você. Como você está se sentindo? Onde você sente isso em seu corpo? Quão grande é o seu sentimento?

✔ **Verifique** (Atividade 11): Verifique todas as informações que você tem. Você está olhando para todos os lados da história ou está se concentrando apenas em seus pensamentos emocionais?

✔ **Mude** (Atividade 12): Mude seus pensamentos de propósito. Concentre seu pensamento em outra coisa até que sua raiva diminua.

✔ **Desacelere** (Atividade 16): A raiva se infiltra em você muito rapidamente e parece assumir o controle. Diminua a velocidade propositalmente para manter o controle.

✔ **Espere** (Atividade 18): A raiva não dura para sempre. Espere ela passar antes de agir.

✔ **Faça um acordo** (Atividade 24): Você pode fazer um acordo? Procure uma maneira de ajudar cada pessoa a se sentir melhor sobre o resultado. Você tem que estar disposto a ceder um pouco.

PARA VOCÊ FAZER

Pense nas ferramentas que você testou antes para se acalmar quando estava com raiva. Liste-as a seguir e, após, classifique cada uma em uma escala de 1 a 5 para mostrar o quão bem funcionou para você.

Ferramenta que eu testei: _____

_____

1	2	3	4	5
EU NÃO AGUENTEI NEM POR UM MINUTO.		CONSEGUI FICAR UM POUCO CALMO.		FUI CAPAZ DE CONTROLAR A RAIVA E RESISTIR AOS IMPULSOS.

Ferramenta que eu testei: _____

_____

1	2	3	4	5
EU NÃO AGUENTEI NEM POR UM MINUTO.		CONSEGUI FICAR UM POUCO CALMO.		FUI CAPAZ DE CONTROLAR A RAIVA E RESISTIR AOS IMPULSOS.

Ferramenta que eu testei: _____

_____

1	2	3	4	5
EU NÃO AGUENTEI NEM POR UM MINUTO.		CONSEGUI FICAR UM POUCO CALMO.		FUI CAPAZ DE CONTROLAR A RAIVA E RESISTIR AOS IMPULSOS.

Ferramenta que eu testei: _____

_____

1	2	3	4	5
EU NÃO AGUENTEI NEM POR UM MINUTO.		CONSEGUI FICAR UM POUCO CALMO.		FUI CAPAZ DE CONTROLAR A RAIVA E RESISTIR AOS IMPULSOS.

Ferramenta que eu testei: _____

_____

1	2	3	4	5
EU NÃO AGUENTEI NEM POR UM MINUTO.		CONSEGUI FICAR UM POUCO CALMO.		FUI CAPAZ DE CONTROLAR A RAIVA E RESISTIR AOS IMPULSOS.

Ferramenta que eu testei: _____

_____

1	2	3	4	5
EU NÃO AGUENTEI NEM POR UM MINUTO.		CONSEGUI FICAR UM POUCO CALMO.		FUI CAPAZ DE CONTROLAR A RAIVA E RESISTIR AOS IMPULSOS.

ATIVIDADE 26

SEMENTES

PARA VOCÊ SABER

Quando fazemos as coisas certas para cuidar de nossa mente e de nosso corpo, é mais fácil cuidarmos também de nossos sentimentos.

Você já ajudou com um jardim ou cuidou de uma planta? Há muitas coisas para pensar e prestar atenção quando você é responsável por uma coisa viva. Você tem que pensar sobre o solo que usa e a quantidade de sol e água que a planta recebe. Cuidar de seus sentimentos também é um grande trabalho, e há muito o que pensar. Uma boa maneira de se lembrar de todas essas coisas é pensar em SEMENTES em seu jardim. Prestar atenção às suas SEMENTES irá ajudá-lo a lidar melhor com seus sentimentos.

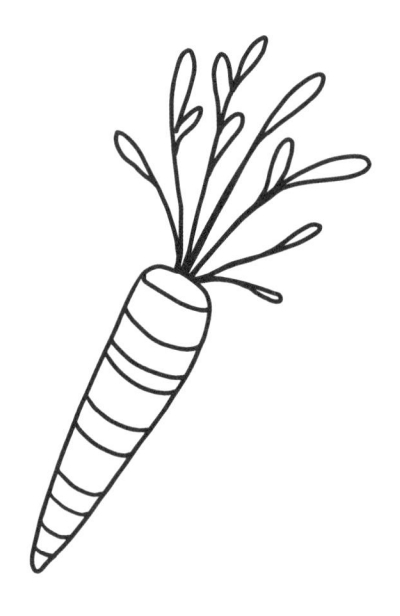

S – **Sono.** Dormir o suficiente todas as noites é muito importante para o seu cérebro e ajuda você a fazer o seu melhor durante o dia. As crianças precisam de 9 a 11 horas de sono por noite. Quanto você dorme? Você percebe que tem um dia melhor depois de uma boa noite de sono?

EM – **Escolher Melhor e optar por comer alimentos saudáveis.** A comida que você come é combustível para o seu cérebro e o resto do seu corpo, o que é importante porque eles têm que trabalhar juntos para lidar com seus sentimentos. Você come frutas e vegetais suficientes? Existem alguns alimentos saudáveis que você poderia se concentrar em comer mais?

E – **Exercício.** É importante ter uma hora ou mais de exercício por dia. Mesmo pequenas quantidades de exercício e movimento a cada dia ajudam seu corpo a trabalhar melhor. Quais coisas você faz para se exercitar? Com que frequência você se exercita? Você pode fazer mais exercícios?

NT – **Nada de Tarefas.** Tire um tempo de descanso. Faça uma pausa para estar sozinho, ler um livro ou fazer algo que você goste, como um *hobby*. Mesmo se você levar apenas cinco minutos para relaxar, isso pode ajudá-lo a estar preparado para a próxima atividade, em que você pode ter grandes emoções.

ES – **Estima e Socialização.** Embora você provavelmente goste de passar um tempo com os amigos, é importante manter um equilíbrio entre socializar e estar sozinho. Pense em todas as atividades que você tem a cada semana. Você gosta de todas elas? Você já sentiu que precisa de uma pausa?

PARA VOCÊ FAZER

Use este quadro para anotar os detalhes do que você fez para alimentar suas SEMENTES por uma semana. Na página do livro em loja.grupoa.com.br, você pode baixar cópias adicionais deste material para usar semanalmente enquanto estiver praticando as habilidades deste livro.

	DOMINGO	SEGUNDA-FEIRA	TERÇA-FEIRA	QUARTA-FEIRA	QUINTA-FEIRA	SEXTA-FEIRA	SÁBADO
Sono							
Escolhendo Melhor e comendo alimentos saudáveis							
Exercícios							
Nada de Tarefas							
Estima e Socialização							

ATIVIDADE 27

Construindo força

PARA VOCÊ SABER

Você constrói força quando completa atividades ou tarefas que são um pouco desafiadoras, mas que fazem você se sentir bem após concluí-las. Essas coisas aumentam seu senso de confiança e tendem a ser coisas em que você trabalha um pouco a cada dia, em pequenos passos.

Em um jogo de *videogame*, geralmente há mais de uma vida. Por exemplo, em Super Mario Bros, você começa com três vidas em cada nível. À medida que joga, seu personagem vai ficando mais fraco a cada erro até que você perde todas as três vidas. Assim como há coisas que você pode fazer nos *videogames* para construir força, também há maneiras de construir força na vida real. E construir força é importante para que você seja forte quando a raiva intensa chegar.

PARA VOCÊ FAZER

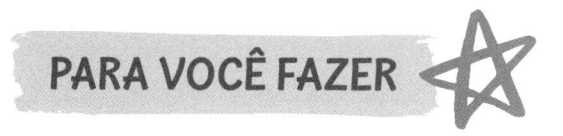

Aqui estão alguns exemplos de como construir força:

- Aprender um novo truque com sua bicicleta depois de praticar por vários dias.
- Trabalhar na organização de todos os seus Legos, um pouco a cada dia.
- Aprender a tocar violão, um pouco a cada dia.
- Montar sua nova criação de Lego, um passo de cada vez.
- Praticar o desenho de dinossauros, um pouco a cada dia.

Nas linhas a seguir, liste algumas das coisas que você pode fazer para construir força.

_____

_____

_____

_____

_____

_____

_____

ATIVIDADE 28

Reabastecendo

PARA VOCÊ SABER

Se um carro ficar sem gasolina, ele vai rodar até parar e depois não vai ligar. Seus sentimentos são semelhantes. De vez em quando, você tem que reabastecer.

Quando você está se sentindo com raiva, esse sentimento pode rapidamente tomar conta de todo o seu dia. Pode haver momentos em que você está com tanta raiva que é capaz de perceber apenas as coisas ruins que estão acontecendo com você. É importante aprender a reabastecer, prestando atenção também às coisas positivas estão acontecendo. Você pode igualmente aprender a se envolver em algumas atividades positivas propositalmente quando estiver tendo um dia ruim.

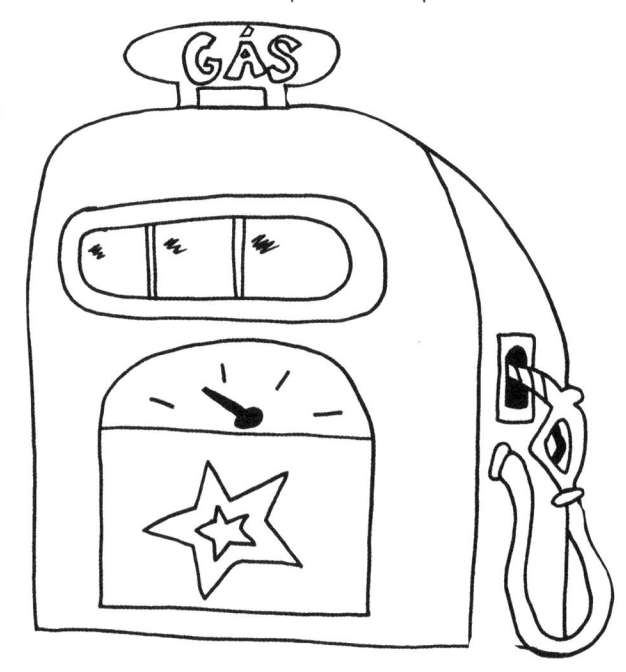

PARA VOCÊ FAZER

Fazer atividades que você gosta é uma maneira de estimular pensamentos e memórias positivas e diminuir pensamentos negativos ou irritantes. A seguir, estão algumas ideias de coisas que você pode fazer para se reabastecer e construir sua força quando está tendo um dia ruim. Use as lacunas para adicionar outras coisas que você gosta de fazer.

- ○ Dê um passeio
- ○ Brinque com o seu animal de estimação
- ○ Monte um quebra-cabeça
- ○ Jogue um *videogame*
- ○ Ande de bicicleta
- ○ Leia um livro
- ○ Brinque de pega-pega
- ○ Saia de casa
- ○ Assista ao seu filme favorito
- ○ Cante junto enquanto ouve sua música favorita
- ○ Dance com sua música favorita
- ○ Trabalhe com seus Legos
- ○ Envie uma mensagem ao seu amigo
- ○ Faça um vídeo no TikTok
- ○ Faça um cartão para alguém
- ○ Jogue cartas ou um jogo de tabuleiro
- ○ Ouça sua música favorita
- ○ _____
- ○ _____
- ○ _____
- ○ _____
- ○ _____

ATIVIDADE 29 — Pise no FREIO!

PARA VOCÊ SABER

Prestar atenção ao sentimento de raiva em seu corpo é uma ferramenta muito importante. Se você puder percebê-lo chegando de mansinho, poderá pisar no freio e desacelerar quando precisar.

Pense na última vez em que você estava andando de bicicleta e precisava desacelerar ou parar. O que você fez? Você provavelmente usou o freio ou talvez até tenha usado os pés para desacelerar. Você pode aprender a fazer a mesma coisa quando o sentimento de raiva começar a surgir e assumir o controle. Você pode pisar no FREIO!

F – Fôlego A respiração profunda diz ao seu cérebro para desacelerar.

R – Relaxe os músculos; relaxe o corpo.

E – Enxergue Use sua mente factual para obter ajuda e ver os fatos da situação. Você também pode pedir ajuda a um adulto.

I – Invista na gentileza. Seja gentil consigo mesmo e com os outros.

O – Observe Examine a situação novamente quando estiver calmo e pronto.

Às vezes, a raiva é tão forte e rápida que pode se infiltrar antes mesmo que você perceba. Usar o seu FREIO requer muita prática para crianças e adultos.

PARA VOCÊ FAZER

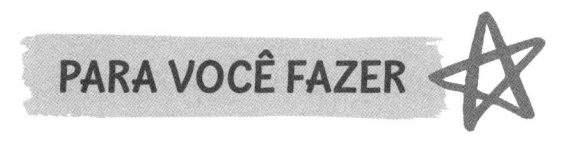

Peça a um adulto para ajudá-lo a fazer cópias das fichas a seguir. Você também pode baixá-las da página do livro em loja.grupoa.com.br. Encontre duas caixas, uma para fichas em branco e outra para fichas concluídas. Quando alguém da sua família, incluindo você, usar a ferramenta FREIO, dê uma ficha e anote atrás o que a pessoa fez. Guarde-as no recipiente para fichas concluídas e escolha com a família algo divertido para fazer quando a caixa estiver cheia.

Os adultos e as crianças podem usar a ferramenta FREIO e anotar nas fichas. Todo mundo precisa praticar!

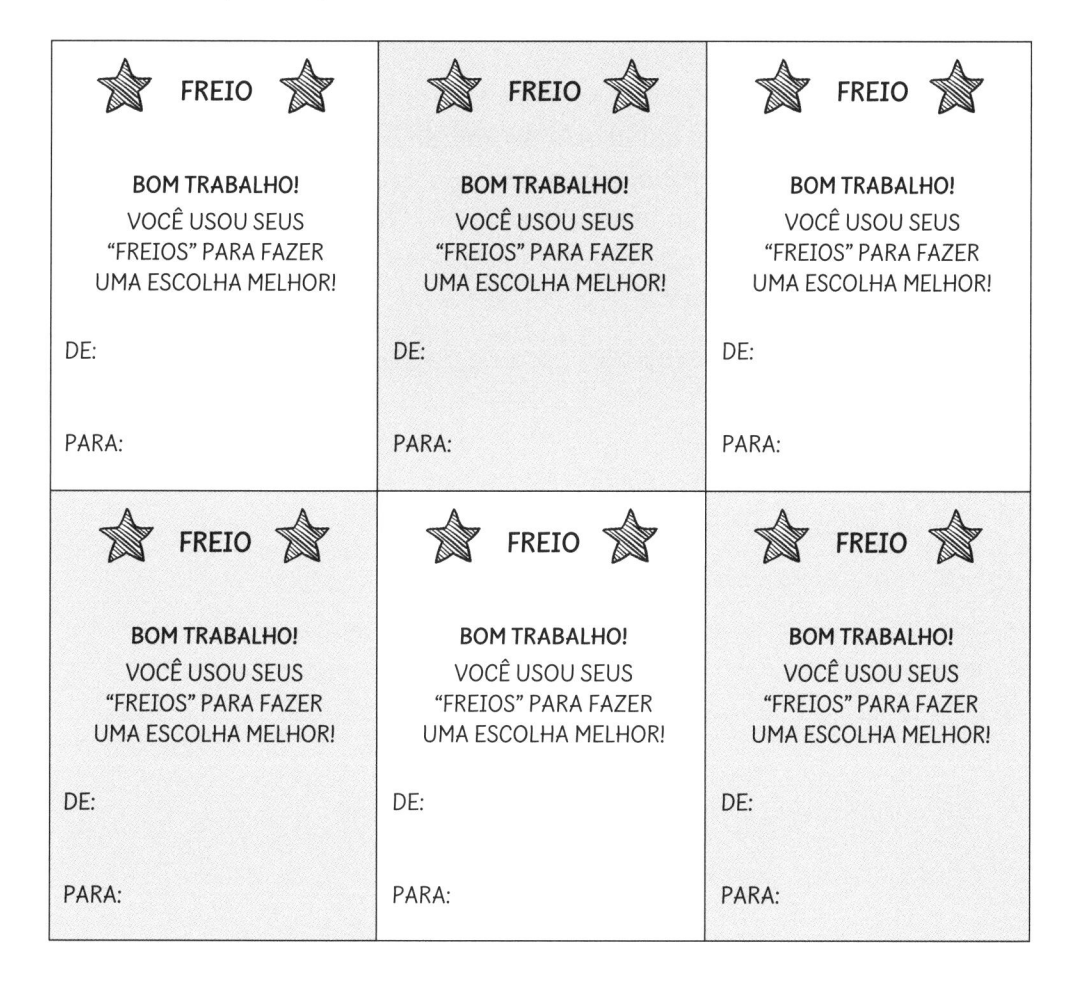

FREIO	FREIO	FREIO
BOM TRABALHO! VOCÊ USOU SEUS "FREIOS" PARA FAZER UMA ESCOLHA MELHOR! DE: PARA:	**BOM TRABALHO!** VOCÊ USOU SEUS "FREIOS" PARA FAZER UMA ESCOLHA MELHOR! DE: PARA:	**BOM TRABALHO!** VOCÊ USOU SEUS "FREIOS" PARA FAZER UMA ESCOLHA MELHOR! DE: PARA:
FREIO	FREIO	FREIO
BOM TRABALHO! VOCÊ USOU SEUS "FREIOS" PARA FAZER UMA ESCOLHA MELHOR! DE: PARA:	**BOM TRABALHO!** VOCÊ USOU SEUS "FREIOS" PARA FAZER UMA ESCOLHA MELHOR! DE: PARA:	**BOM TRABALHO!** VOCÊ USOU SEUS "FREIOS" PARA FAZER UMA ESCOLHA MELHOR! DE: PARA:

ATIVIDADE 30

Grande coisa ou coisa pequena?

PARA VOCÊ SABER

Grandes sentimentos podem ser como um filtro do Snapchat e mudar a maneira como você vê o mundo ao seu redor.

Quando você está com raiva, sua mente emocional pode enganar você e levá-lo a pensar que tudo o que está ocorrendo é a pior coisa que já aconteceu! Sua mente emocional diz a você que tudo é muito importante, mas, se estivesse usando a mente racional (uma mistura de sentimentos e fatos), você seria capaz de ver que nem tudo é uma grande coisa e, na maioria das vezes, são de fato coisas pequenas.

As perguntas da atividade "Grande Coisa ou Coisa Pequena" são:

- Estou seguro?
- Estou tratando os outros com segurança ou da maneira que quero ser tratado?
- Posso pedir ajuda a um adulto perto de mim?
- Eu usei minhas ferramentas antes de agir?
- Posso me colocar no lugar da outra pessoa? O que ela pode estar pensando ou sentindo?
- Meus sentimentos estão muito intensos, tornando impossível para mim pensar com clareza?
- Esperei minha raiva passar antes de escolher minhas ações?

Essas perguntas são ótimas ferramentas para usar com a atividade FREIO.

PARA VOCÊ FAZER

Leia esta história e responda às perguntas a seguir.

Júlio está no 4º ano e na mesma turma da sua irmã gêmea, Bianca. As matérias favoritas de Júlio são matemática e ciências. Júlio tem dificuldade com a leitura e é mais lento do que seus colegas de classe, mas nunca falou com ninguém sobre isso antes. Bianca adora ler e é muito boa nisso.

Sua turma tem uma tarefa para o fim de semana: terminar três capítulos do livro que estão lendo. Júlio e Bianca estão sentados à mesa da cozinha, lendo. Bianca termina e começa a arrumar seu material escolar para que ela possa sair para brincar com os amigos. Júlio percebe que Bianca terminou e imediatamente fica frustrado consigo por demorar mais para concluir a tarefa. Ele sente seus músculos se contraindo e sua respiração muda.

Quando Bianca passa por ele para sair, Júlio avança e tira o livro da mão dela. Bianca grita: "Ei, por que você fez isso?". Júlio responde: "Não tem como você ter terminado. Você deve ter pulado o último capítulo". Bianca diz: "Não, eu não fiz isso! Você que lê devagar!".

Nesse momento, a mãe de Júlio e Bianca entra em cena para acabar com a discussão. Bianca pega seu livro, guarda e vai para fora. A mãe de Júlio não ficou feliz que ele tenha derrubado o livro de sua irmã no chão. Ela diz para ele ir para o quarto e terminar a leitura.

Pense nessa história para responder às seguintes perguntas.

1. Qual alternativa explica melhor o motivo de Júlio estar com raiva?

    a. Júlio está com raiva de Bianca porque ela terminou de ler antes dele.

    b. Júlio está com raiva de si mesmo por ser um leitor mais lento.

2. Quais sinais de alerta de raiva Júlio poderia ter notado?

3. Quando teria sido um bom momento para Júlio usar seu FREIO?

PERGUNTAS "GRANDE COISA OU COISA PEQUENA?"

1. Júlio está seguro? ○ Sim ○ Não

2. Júlio está tratando os outros com segurança ou da maneira que ele quer ser tratado?
   ○ Sim ○ Não

3. Júlio pode pedir ajuda a um adulto perto dele? ○ Sim ○ Não

4. Que ferramentas Júlio poderia ter usado antes de derrubar o livro de Bianca no chão?
   _____
   _____

5. O que Bianca pode estar pensando?
   _____
   _____

6. Os sentimentos de Júlio estão tão intensos que é impossível para ele pensar com clareza? ○ Sim ○ Não

7. Se Júlio não tivesse agido de acordo com sua raiva e seguido o impulso de derrubar o livro de Bianca, o que ele poderia ter feito em vez disso?
   _____
   _____
   _____

(Ver Apêndice D para obter as respostas.)

MAIS →

MAIS PARA VOCÊ FAZER

Pratique usando as *perguntas "Grande Coisa ou Coisa Pequena"* e acompanhe seus resultados. Estabeleça a meta de tentar praticar uma vez por dia durante uma semana e veja como você se sai.

DATA/ EVENTO	EU FIZ AS PERGUNTAS "GRANDE COISA OU COISA PEQUENA"?	ELAS FORAM ÚTEIS?
	○ SIM ○ NÃO	○ NÃO, NÃO TOTALMENTE ○ SIM, MAS SOMENTE UM POUCO ○ SIM, MUITO
	○ SIM ○ NÃO	○ NÃO, NÃO TOTALMENTE ○ SIM, MAS SOMENTE UM POUCO ○ SIM, MUITO
	○ SIM ○ NÃO	○ NÃO, NÃO TOTALMENTE ○ SIM, MAS SOMENTE UM POUCO ○ SIM, MUITO
	○ SIM ○ NÃO	○ NÃO, NÃO TOTALMENTE ○ SIM, MAS SOMENTE UM POUCO ○ SIM, MUITO
	○ SIM ○ NÃO	○ NÃO, NÃO TOTALMENTE ○ SIM, MAS SOMENTE UM POUCO ○ SIM, MUITO
	○ SIM ○ NÃO	○ NÃO, NÃO TOTALMENTE ○ SIM, MAS SOMENTE UM POUCO ○ SIM, MUITO

ATIVIDADE 31

Fale! Fale! Fale!

PARA VOCÊ SABER

Falar sobre como você se sente é a melhor maneira de começar a se sentir melhor.

Quando a raiva se infiltra, você pode sentir que está prestes a explodir! É como um balão com muito ar. Se você não deixar um pouco do ar sair, o balão vai estourar.

As pessoas não são o mesmo que balões, o que torna isso mais difícil. Como as pessoas podem soltar um pouco de ar? A resposta é *falando*. Algumas pessoas dizem que quando se está com raiva é bom socar um travesseiro, mas esse é um péssimo conselho. Pesquisadores e cientistas aprenderam que fazer isso ensina nosso cérebro a ser violento ou a ferir os outros quando estamos com raiva. Não é isso que queremos ensinar ao nosso cérebro.

Usar suas palavras e encontrar um adulto ou um amigo para ouvir quando você está com raiva é a melhor maneira de deixar alguma pressão sair e expressar sua raiva.

PARA VOCÊ FAZER ⭐

Pinte a ilustração a seguir e pense em como você pode usar essa ferramenta quando estiver com raiva. Algumas palavras e frases de raiva estão listadas, adicione outras que você acha que pode usar quando está deixando escapar a pressão da raiva.

ATIVIDADE 32

Surfando na onda da raiva

PARA VOCÊ SABER

Às vezes, a raiva é tão grande e forte que você pode senti-la em seu corpo, empurrando-o para fazer algo que você não quer fazer ou normalmente não faria. Você não pode parar a raiva, mas pode tentar surfá-la, ficar firme e esperar que ela passe, como uma onda.

Sentimentos fortes são como ondas; elas podem ser tão grandes a ponto de derrubar você e deixá-lo com areia na roupa de banho e com água no nariz! Mas se enxergar a onda chegando, você pode surfá-la. Se perceber a onda chegando, você pode mergulhar sob ela ou pular sobre ela. Se você observar a onda chegando, pode ajustar seus pés e ficar firme até que ela passe.

A melhor ferramenta para surfar a onda de raiva é se concentrar em sua respiração. Se você fosse um surfista de verdade, teria que aprender a segurar a respiração quando mergulha sob uma onda. Com a raiva, você faz o oposto. Quando sentir a raiva inflando, concentre-se em sua respiração e espere a onda passar. Lembre-se de que ela sempre passa.

PARA VOCÊ FAZER

Os desenhos a seguir podem ajudá-lo a praticar o controle de sua respiração. Trace a figura a seguir com seu dedo. Comece com o dedo na estrela e respire fundo enquanto traça o lado direito da figura. Quando o dedo passar pela estrela novamente, expire lentamente enquanto traça o lado esquerdo. Repita enquanto traça o símbolo.

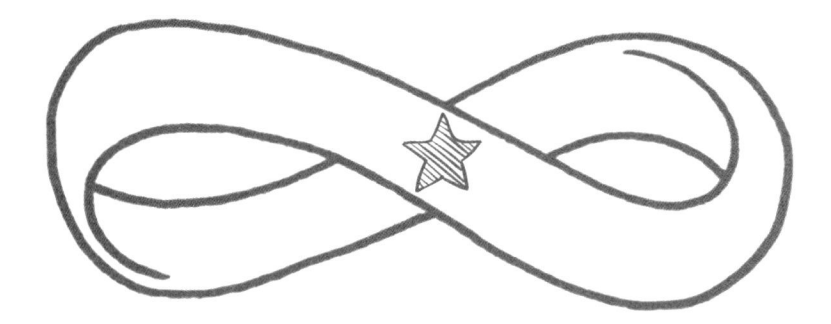

Trace o quadrado com o dedo. Comece em um canto e inspire lentamente enquanto seu dedo se move em direção ao próximo canto. Depois, expire lentamente enquanto seu dedo se move para o canto seguinte. Continue esse padrão enquanto ao redor do quadrado, mudando sua respiração em cada canto.

ATIVIDADE 33

Capture! Verifique! Inverta!

PARA VOCÊ SABER

Quando seus sentimentos de raiva são tão grandes que parecem estar no controle de seus comportamentos, fazer o oposto do seu primeiro impulso pode realmente mudar como você se sente.

Quando a raiva é elevada, ela toma conta do seu cérebro e o impulsiona a agir de uma certa maneira. Um impulso é um pensamento sobre fazer algo antes de fazê-lo. Pode ser difícil captar seus impulsos antes que eles se tornem ações.

Um grande truque é lembrar estas palavras: "Capture! Verifique! Inverta".

- **Capture!** Use sua ferramenta de FREIO para capturar seu pensamento ou seu impulso antes de agir.
- **Verifique!** Reserve um momento para pensar sobre suas ações. Este impulso está prestes a colocá-lo em mais problemas? Isto fará você se sentir mal consigo depois que o sentimento passar?
- **Inverta!** Se você não pode mudar seus pensamentos, faça o oposto do que seu impulso está lhe dizendo para fazer.

PARA VOCÊ FAZER

Trace uma linha do sentimento que você teria até o impulso que ele provocaria e, então, até a ação para inverter e mudar o seu sentimento. Você pode usar as lacunas para adicionar ao quadro outros sentimentos, outros impulsos ou outras ações inversas.

CAPTURE! Como estou me sentindo?	VERIFIQUE! Qual é o meu impulso?	INVERTA! O que posso fazer em vez disso?
IRADO	GRITAR!	RESPIRAR PROFUNDAMENTE
FRUSTRADO	BERRAR!	SUSSURRAR
CHATEADO	XINGAR!	USAR PALAVRAS GENTIS
IRRITADO	USAR PALAVRAS MALDOSAS!	NÃO DIZER NADA
ZANGADO	BATER!	DEIXAR PARA LÁ
	CHUTAR!	AFASTAR-ME
	QUEBRAR AS COISAS!	

Tente "Capture! Verifique! Inverta!" e veja como você sente. Pode ser estranho no começo, mas persista na atividade e ela começará a parecer normal.

ATIVIDADE 34

Quando a raiva continua acontecendo

PARA VOCÊ SABER

A resolução de problemas é uma ferramenta que você pode usar para mudar situações que continuam acontecendo repetidamente e levam a explosões de raiva ou más escolhas.

Às vezes, não importa o quanto você tenta usar suas ferramentas e controlar sua raiva, as coisas ainda não saem do seu jeito. Isso pode ser muito frustrante e fazer sua raiva aumentar. Quando isso acontece, você precisa da resolução de problemas para reduzir as chances de a mesma coisa acontecer novamente.

Veja estas seis etapas da resolução de problemas:

1. Descreva o problema. O que causou sua raiva?

2. O que faria você se sentir melhor? Qual é o seu objetivo? Certifique-se de que é algo sobre o qual você realmente tem controle. Lembre-se: você nunca pode controlar as ações dos outros; você pode controlar apenas a si mesmo.

3. Faça uma reflexão e liste ideias para alcançar seu objetivo. Qualquer ideia pode vir a ser aquela que funcionará!

4. Escolha a ideia que achar melhor. Se você não tiver certeza, escolha duas ideias para comparar. Mantenha sua lista; talvez seja necessário voltar a ela.

5. Experimente! Coloque seu plano em ação. Se você precisar de ajuda, peça a um adulto de confiança.

6. Avalie. A sua ideia funcionou? O novo resultado faz você se sentir melhor em relação à situação?

    a. Sim? Bom trabalho! Você resolveu a situação que causou a raiva.

    b. Não? Volte para a sua lista de ideias e tente outra. Você vai conseguir. Às vezes leva tempo e são necessárias muitas tentativas para acertar.

PARA VOCÊ FAZER

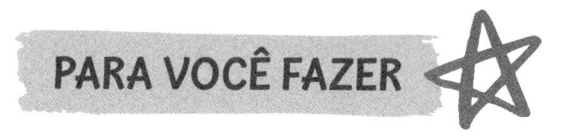

Use este material para escrever suas etapas de resolução de problemas. Para cada etapa, um exemplo foi fornecido. Na página do livro em loja.grupoa.com.br, você pode baixar uma atividade em branco para praticar.

1. Descreva o problema. O que causou sua raiva?

   Eu odeio ir de ônibus para a escola de manhã porque o garoto que se senta atrás de mim chuta meu assento. Isso me deixa zangado, e acabo arranjando encrenca.

   _____
   _____
   _____
   _____

2. O que faria você se sentir melhor? Qual é o seu objetivo?

   Eu me sentiria melhor se pudesse chegar à escola sem já estar encrencado.

   _____
   _____
   _____
   _____

MAIS →

3. Faça uma reflexão e liste ideias para alcançar seu objetivo. Qualquer ideia pode vir a ser aquela que funcionará!

Caminhar até a escola. Pedir à mamãe para me levar. Colocar um feitiço mágico no garoto atrás de mim para parar de chutar meu assento. Conversar com o motorista do ônibus sobre a troca de assentos. Pedir ao motorista do ônibus para ajudar a nos manter separados.

_____

_____

_____

4. Escolha a ideia que achar melhor. Se você não tiver certeza, escolha duas ideias para comparar.

Compare duas ideias: 1. Pedir à mamãe para me levar e 2. Pedir ao motorista de ônibus para nos manter separados. Mamãe não pode me dar uma carona, então vou tentar falar com o motorista do ônibus.

_____

_____

_____

5. Experimente! Coloque seu plano em ação. O que você fez?

_____

_____

_____

6. Avalie. A sua ideia funcionou? O novo resultado faz você se sentir melhor em relação à situação?

_____

_____

_____

_____

a. Sim? Bom trabalho! Você resolveu a situação que causou a raiva.

b. Não? Volte para a sua lista de ideias e tente outra. Você vai conseguir. Às vezes leva tempo e são necessárias muitas tentativas para acertar.

ATIVIDADE 35

Juntando tudo

PARA VOCÊ SABER

Leva até dois meses para aprender e se tornar bom em um novo comportamento.

Nós falamos sobre muita coisa neste livro. Aprendemos sobre como identificar a raiva e sobre a rapidez com que ela pode assumir o controle. Aprendemos sobre as coisas que a alimentam e a tornam maior, e aprendemos sobre diferentes maneiras para desacelerá-la. Agora, o que você precisa fazer é praticar o uso dessas habilidades em sua vida diariamente. Isso significa que você precisa pensar sobre elas ao longo do dia, não apenas quando está olhando para este livro.

PARA VOCÊ FAZER

Use este formulário para praticar suas novas habilidades repetidas vezes. Você pode baixar cópias dele na página do livro em loja.grupoa.com.br. Faça quantas cópias precisar.

RAIVA: CAPTURE! VERIFIQUE! MUDE!

O que aconteceu? _Jade pegou a bola._

1. CAPTURE!
- Use o FREIO

Estou vendo todos os lados? Estou usando a mente racional, a mente factual, a mente emocional?
Fato: Jade pegou a bola. Isso é uma grande coisa ou uma coisa pequena? _Coisa pequena._

2. VERIFIQUE!
- Desacelere
- Grande coisa/ coisa pequena

Repita conforme necessário

3. MUDE!
- Fale
- Deixe para lá

OU **INVERTA ISSO**
- Freie
- Faça o contrário

Posso mudar meus pensamentos para mudar minha raiva? _Esperar: respirar fundo._ Como posso invertê-lo? Posso fazer o contrário? _Inverter: compartilhar._

Existe um meio-termo? _Brincar juntos._ Preciso da resolução de problemas? _Fazer um plano para jogar juntos._ O que posso fazer para reabastecer?

4. RETORNO À MENTE RACIONAL
- Meio-termo
- Resolução de problemas
- Reabasteça

APÊNDICE A: Para os pais

Seção 1: Sentimentos e pensamentos

Essa seção apresenta uma introdução geral aos vários sentimentos que experimentamos e à ideia de que os sentimentos vêm em diferentes tamanhos ou intensidades. Essa não é uma seção concentrada em mudança; que aparece mais tarde no livro. Essas atividades destinam-se a ajudá-lo a ter uma noção da compreensão do seu filho sobre as emoções e sobre o que elas podem causar. A seção apresenta ao leitor a ideia de que temos sentimentos por uma razão. É importante que as crianças aprendam que seus sentimentos podem ser úteis, mesmo quando estão desconfortáveis.

A Atividade 5 nessa seção abrange um conceito muito importante. Essa atividade apresenta ao leitor três estados mentais: mente emocional, mente factual e mente racional. O mais importante é as crianças entenderem a mente emocional. Esse é o estado de espírito em que nossas ações são movidas por emoções, independentemente dos fatos. Ficamos impulsivos, dizemos e fazemos coisas que não queremos e que tendem a nos causar problemas. Esse estado de espírito, que acontece tanto com crianças quanto com adultos, é temporário, embora no momento tenhamos a tendência de pensar que durará para sempre. Auxiliar seu filho a reconhecer quando isso acontece com ele e quais são seus sinais de alerta pode ajudá-lo a se sentir mais no controle. Pensar sobre os fatos da situação — mente factual — pode ajudar a levá-los da mente emocional para o meio-termo, a mente racional. A mente racional é uma combinação de sentimentos e fatos. Isso não significa que a mente racional não seja desconfortável. Pode ser, porque ainda inclui sentimentos, neste livro, especificamente, a raiva.

➡ COMO VOCÊ PODE AJUDAR?

Concentre-se em entender o que seu filho sabe e o que não sabe sobre os sentimentos. Essa seção não é sobre mudança. Lute contra o desejo de dar diretrizes para a mudança nesse momento. Ouça e explore.

Se seu filho está com dificuldade para responder a algumas das perguntas ou para pensar sobre como esses conceitos se aplicam a ele, use-se como exemplo.
É importante que as crianças saibam que os adultos têm esses mesmos sentimentos e essas mesmas experiências. Elas são mais propensas a se abrir se souberem que não estão sozinhas na luta.

Seção 2: Buscando entender a raiva

É nessa seção que começamos a nos concentrar especificamente na raiva. Existem alguns conceitos nessa seção que intencionalmente trazem atividades repetidas. Fazer com que as crianças abordem e pratiquem esses conceitos de diferentes ângulos as ajudará a entender e a praticar totalmente suas novas habilidades. Nessa seção, aprendemos sobre o que desencadeia a raiva, tanto em geral quanto pessoalmente. Muitas crianças que lutam contra a raiva intensa não são capazes de perceber sua emoção até que ela esteja em uma intensidade tão alta que já passou para o incontrolável. Existem algumas atividades nessa seção que incentivam as crianças a identificar como a raiva é sentida em seu corpo, conectando suas sensações com suas ações. Um dos objetivos aqui é que as crianças identifiquem e percebam a raiva antes que ela fique fora de controle. Ao perceber a raiva em uma intensidade menor e, em seguida, mudar seus pensamentos ou suas ações, as crianças têm mais chance de recuperar o controle.

Outra lição importante dessa seção é desacelerar as coisas. Na Atividade 15, as crianças são incentivadas a aprender a diferença entre pensamentos, impulsos e comportamentos. Na Atividade 16, elas praticam decompor as partes das grandes emoções e os eventos que levam a elas. A raiva intensa atinge as crianças muito rapidamente. Queremos ensiná-las a desacelerar e a esperar que a raiva passe — ela sempre passa. Ao desacelerar, elas sentirão mais domínio e controle.

➡ COMO VOCÊ PODE AJUDAR?

Existem algumas atividades nessa seção que falam sobre pensamentos e impulsos. Você pode ajudar seu filho compartilhando alguns de seus próprios pensamentos ou impulsos em voz alta, como um locutor esportivo narrando jogada a jogada. Isso pode parecer estranho, mas é uma ótima maneira de modelar esse processo para crianças. Elas aprendem observando os adultos ao seu redor.

Seção 3: A raiva pode ferir os outros

A Seção 3 incentiva as crianças a pensarem sobre como a raiva afeta suas interações com os outros e o que os outros pensam delas. A Atividade 20 usa uma metáfora de castelo de areia para demonstrar ao leitor que ações repetidas de raiva podem destruir amizades lentamente. É importante que as crianças aprendam que a forma como tratam os outros determina se os outros querem passar mais tempo com elas ou ser seus amigos.

Essa seção também pede às crianças que pensem sobre valores ou sobre que tipo de pessoa desejam ser. Isso serve a dois propósitos. Primeiro, identificar que tipo de pessoa elas querem ser e quais valores são importantes para elas aumentará seu senso de identidade. Em segundo lugar, o leitor é solicitado a identificar comportamentos ou ações relacionadas a esses valores. O objetivo é ajudar as crianças a colocar seus valores em ação. Quando você se sente bem com suas ações, você se sente bem consigo mesmo.

A Atividade 24 incentiva o leitor a encontrar o meio-termo. Isso requer maior flexibilidade e pode ser difícil para algumas crianças, especialmente quando sua raiva é intensa. Elas precisarão de ajuda e prática com isso. É interessante começar com situações de menor intensidade.

➡ COMO VOCÊ PODE AJUDAR?

Reserve um tempo para conversar sobre esses conceitos com seu filho. Relacionamentos são difíceis para crianças e adultos. Esses conceitos demandarão tempo e repetição.

Se você perceber que os colegas do seu filho não estão respondendo bem devido às suas ações de raiva, converse com seu filho sobre isso. Nunca é cedo demais para as crianças aprenderem que suas ações têm impacto sobre as pessoas ao seu redor e que elas trazem possíveis consequências.

Seção 4: Reagindo contra a raiva

Nessa seção finalmente nos concentramos em mudar as ações de raiva. Com frequência, os adultos passam muito rapidamente pela compreensão e pela validação de como seus filhos se sentem. Eles tendem a ir direto para as orientações — o que fazer ou como corrigir o comportamento imediatamente. Vá mais devagar. Quando as crianças se sentem compreendidas, elas ficam mais abertas à mudança. Muitos adultos temem que, ao desacelerar e reconhecer ou validar as emoções intensas de uma criança, estejam aprovando as ações relacionadas. Não é esse o caso. Você pode validar uma emoção intensa sem validar um comportamento inadequado ou perigoso.

As habilidades neste livro não são coisas de outro mundo! O truque é encorajar seu filho a usá-las intencionalmente quando a raiva se tornar intensa e fora de controle. A Atividade 29 oferece uma oportunidade de toda a família praticar suas habilidades. Use as fichas da Atividade 29 para que todos os membros da família façam mudanças observáveis no comportamento.

Na Atividade 34, as crianças percorrem as etapas de resolução de problemas. Isso pode ser potencialmente difícil, pois há muitos passos envolvidos. No entanto, cada ponto é importante. Quando as mesmas situações que levam à raiva continuam acontecendo repetidamente, seu filho pode precisar da resolução de problemas para ver uma mudança duradoura.

Por fim, a Atividade 35 reúne todos esses conceitos em um modelo para o uso de emoções e habilidades. É possível reproduzir essa página. Faça várias cópias para o seu filho. Essa atividade requer prática, prática e mais prática! Você pode até preencher uma versão para mostrar para seu filho como tudo funciona.

➡ COMO VOCÊ PODE AJUDAR?

Use essas habilidades você mesmo e modele-as para seu filho. As crianças aprendem mais por meio de experiências e observando as pessoas ao seu redor. Apenas fazer as atividades não é suficiente.

APÊNDICE B: Folha de dicas para o controle da raiva

Quando você está muito, muito zangado, pode ser difícil lembrar o que está praticando. Esta folha de dicas apresenta todas as habilidades que você aprendeu neste livro. Vê-las escritas à sua frente pode ajudá-lo a lembrar quais tentar.

Baixe a folha de dicas para o controle da raiva na página do livro em loja.grupoa.com.br e faça cópias suficientes para afixar em seu quarto e em sua casa.

FOLHA DE DICAS PARA O CONTROLE DA RAIVA

MENTE RACIONAL	Tome uma decisão sábia concentrando-se nos fatos da situação e em seus sentimentos.
CAPTURE!	Pare e observe o que está acontecendo dentro e fora de você. Como você está se sentindo? Onde você sente isso em seu corpo? Qual é o tamanho do seu sentimento?
VERIFIQUE!	Verifique todas as informações que você tem. Você está olhando para todos os lados da história ou está se concentrando apenas em seus pensamentos emocionais?
MUDE!	Mude seus pensamentos de propósito. Concentre seu pensamento em outra coisa até que sua raiva diminua.
DESACELERE	A raiva se aproxima de você muito rápido e pode parecer estar assumindo o controle. Desacelere de propósito para manter o controle.
ESPERE	A raiva não dura para sempre. Espere a raiva passar antes de agir.
SURFE A ONDA	Quando fizer sentido ficar com raiva, sinta sua raiva ir e vir em seu corpo como uma onda. Controle sua respiração para controlar sua raiva.
FAÇA UM ACORDO	Procure uma maneira de ajudar cada pessoa a se sentir melhor com a situação. Você pode ter de se comprometer.
FREIO	Tome FÔLEGO, respire fundo. RELAXE seus músculos. ENXERGUE os fatos/peça ajuda. INVISTA na gentileza consigo mesmo e com os outros. OBSERVE, entre na situação quando estiver pronto.
GRANDE COISA OU COISA PEQUENA?	Pergunte a si mesmo: Estou seguro? Estou tratando os outros de forma segura ou como gostaria de ser tratado? Posso pedir ajuda a um adulto? Eu usei minhas ferramentas antes de agir? Posso me colocar no lugar do outro? O que eles podem estar pensando ou sentindo? Meus sentimentos estão muito intensos, impossibilitando-me de pensar com clareza? Esperei que minha raiva passasse antes de escolher minhas ações?
FALE!	Converse com um amigo ou um adulto de confiança. Use as palavras para expressar sua raiva e deixe um pouco da raiva sair.
REABASTEÇA	Reabasteça sua força contra a raiva fazendo algo positivo de propósito a fim de aumentar seus sentimentos positivos e diminuir sua raiva.
INVERTA!	Use seu FREIO para capturar e verificar. Se você não pode mudar seu pensamento, inverta-o e faça o oposto de seu desejo.
RESOLUÇÃO DE PROBLEMAS	Quando você perceber que as mesmas situações frustrantes acontecem repetidamente, siga as etapas de resolução de problemas para fazer uma mudança.

APÊNDICE C: Qual é o tamanho do seu sentimento?

Um jogo interativo para praticar suas habilidades

Aprender novas habilidades e mudar o comportamento requer muita prática. "Qual é o tamanho do seu sentimento?" é um jogo para ajudá-lo a praticar a identificação de seus sentimentos e a observar quão grandes ou intensos eles são em diferentes situações. Você pode jogar com amigos, irmãos e até mesmo com seus pais. Os pais também precisam praticar essas habilidades!

Este jogo inclui um Baralho de Sentimentos, que ajuda você a praticar o reconhecimento de todos os sentimentos básicos; um Baralho da Raiva, que se concentra em conhecer melhor sua raiva; e um Baralho de Controle da Raiva, que cobre as habilidades que você aprendeu neste livro. Pense no Baralho de Controle da Raiva como cartas bônus. Você pode usá-las com os outros dois baralhos para praticar as habilidades que usaria em cada situação.

Baixe as cartas na página do livro em loja.grupoa.com.br ou faça uma fotocópia das próximas páginas. Há cartas em branco incluídas para você adicionar quaisquer sentimentos ou habilidades que possam não estar na lista. Há também cartas de situação em branco para adicionar, se você desejar.

Você pode jogar com qualquer número de jogadores. Durante o jogo, converse com os outros jogadores sobre por que eles escolheram determinado sentimento e intensidade. Ter diferentes sentimentos e diferentes intensidades de sentimento não é bom ou ruim, certo ou errado; é apenas diferente. A maioria das pessoas tem mais de um sentimento ao mesmo tempo, portanto, use quantas cartas achar necessário.

Divirta-se e seja criativo! O objetivo é ficar mais confortável com sua raiva e praticar usando as habilidades que você aprendeu neste livro.

Baralhos

- BARALHO DE SENTIMENTOS – Cartas de sentimentos
- BARALHO DE SENTIMENTOS – Cartas de situação
- BARALHO DA RAIVA – Cartas de sentimento
- BARALHO DA RAIVA – Cartas de situação
- CARTAS DE CONTROLE DA RAIVA
- CARTAS DE INTENSIDADE

Como jogar

1. Distribua a cada jogador um conjunto de cartas de sentimento, uma de cada sentimento, e um conjunto de cartas de intensidade, uma de cada número.
2. Coloque as cartas de situação viradas para baixo no meio da mesa.
3. O primeiro jogador pega uma carta de situação da pilha do meio e lê a situação em voz alta.
4. Cada jogador escolhe um ou mais sentimentos que teria naquela situação e o número que representa a intensidade ou o tamanho do sentimento. Fale sobre quaisquer diferenças ou semelhanças entre os jogadores.
5. O jogo continua até que todas as cartas de situação tenham sido viradas e discutidas.

Lembre-se de que todos podem ter um sentimento e uma intensidade diferentes. Essa é uma parte normal sobre ter sentimentos! Isso não significa errado; significa apenas diferente.

Outras formas de jogar

- **VERSÃO DOS SENTIMENTOS:** Use as cartas de sentimentos do Baralho de Sentimentos, as cartas de situação do Baralho de Sentimentos e as cartas de intensidade. Esta versão lhe dará a oportunidade de praticar a identificação de todos os sentimentos básicos.
- **VERSÃO DA RAIVA:** Use as cartas de sentimento do Baralho da Raiva, as cartas de situação do Baralho da Raiva e as cartas de intensidade. Esta versão lhe dará a oportunidade de praticar a identificação dos diferentes tipos e tamanhos de raiva.
- **USANDO AS CARTAS DE CONTROLE DA RAIVA:** Siga as instruções gerais do jogo e também dê a cada jogador um conjunto de cartas de controle da raiva. No decorrer do jogo, cada jogador escreve as habilidades de controle da raiva que usaria ou sobre as quais pensaria em cada situação. Lembre-se: é melhor usar tantas habilidades quantas forem necessárias para ter sucesso no controle da raiva.

Você também pode jogar uma versão que inclua todos os sentimentos e as cartas de situação ao mesmo tempo.

UM AMIGO DA ESCOLA PROVOCA VOCÊ.

FURIOSO

FREIO

Baixe as cartas na página do livro em loja.grupoa.com.br ou faça uma fotocópia das próximas páginas.

BARALHO DE SENTIMENTOS – Cartas de sentimentos

Raiva	Medo	Ciúme
Culpa	Sobrecarga Animação	Amor
Tristeza	Felicidade Alegria	

APÊNDICE C: Qual é o tamanho do seu sentimento   119

BARALHO DE SENTIMENTOS – Cartas de situação

SEU IRMÃO PEGA SEU BRINQUEDO FAVORITO.	ALGUÉM NA ESCOLA TOMA SEU LUGAR NA FILA.	SUA IRMÃ XINGA VOCÊ.
OS PLANOS DA FAMÍLIA MUDAM! VOCÊ NÃO PODE IR AO ZOOLÓGICO (OU AO SEU LUGAR FAVORITO).	SEU COLEGA SENTA MUITO PERTO DE VOCÊ.	VOCÊ PERDE SEU BRINQUEDO FAVORITO OU UM OBJETO ESPECIAL.
VOCÊ PERDE UM JOGO.	VOCÊ CULPA SUA IRMÃ POR ALGO E ELA FICA ENCRENCADA.	VOCÊ QUER CONTAR UMA HISTÓRIA PARA SUA MÃE E ELA ESTÁ OCUPADA OUVINDO SEU IRMÃO.

BARALHO DE SENTIMENTOS – Cartas de situação
(continuação)

VOCÊ GANHA EXATAMENTE O QUE PEDIU PARA O SEU ANIVERSÁRIO.	SEU IRMÃO GANHA SUA COISA FAVORITA DE ANIVERSÁRIO.	UM AMIGO DA ESCOLA PROVOCA VOCÊ.
VOCÊ ENCONTRA SEU NOVO PROFESSOR PELA PRIMEIRA VEZ.	VOCÊ TEM QUE FAZER UMA APRESENTAÇÃO NA FRENTE DA TURMA.	VOCÊ TEM QUE FAZER UM TESTE.
VOCÊ ESTÁ EM UMA FESTA DE ANIVERSÁRIO E TODOS ESTÃO SE DIVERTINDO!	VOCÊ E SEU IRMÃO ESTÃO JOGANDO SEU JOGO FAVORITO. É TÃO EMOCIONANTE!	VOCÊ ESTÁ DE FORA DE UM JOGO NA ESCOLA.

APÊNDICE C: Qual é o tamanho do seu sentimento   121

BARALHO DA RAIVA – Cartas de sentimento

Zangado	Chateado	Irritado
Indignado	Aborrecido	Furioso
Ofendido	Enfurecido	Frustrado

BARALHO DA RAIVA – Cartas de sentimento
(continuação)

Exasperado	Mal-humorado	Agitado
Magoado	Indisposto	Melancólico

BARALHO DA RAIVA – Cartas de situação

Sua irmã ganha o celular mais recente como presente de aniversário, e você estava pedindo um há muito tempo.	Você trabalhou em seu projeto de ciências por duas semanas. No dia da feira de ciências, enquanto o leva para a escola, você o deixa cair e ele se desfaz.	O colega que senta ao seu lado cantarola durante a aula. Não é muito alto, mas você pode ouvi-lo e fica difícil se concentrar.
Você está na sala jogando seu videogame favorito com seu melhor amigo. Sua irmã entra e insiste em sentar perto de você enquanto fala ao telefone.	Você tem dificuldade para dormir e fica acordado a maior parte da noite. Na manhã seguinte, sua mãe o acorda bem cedo.	Você está um pouco resfriado e ainda tem que ir para a escola. Você não está muito doente, mas mesmo assim não quer ir à escola.
Você está andando pelo refeitório quando alguém tropeça em você e você cai. Todos começam a rir.	Na segunda-feira, você teve um pequeno desentendimento com seu melhor amigo. Na terça-feira, você percebe que está tendo dificuldade em interagir com ele.	Você recebe uma lição de casa e não entende. Você se senta e olha para a atividade por dez minutos até começar a sentir um aperto no estômago e seu rosto fica vermelho.

BARALHO DA RAIVA – Cartas de situação
(continuação)

O professor está fazendo alguns anúncios matinais. O colega atrás de você dá um soco nas suas costas. Você tenta contar ao professor, que apenas diz: "Fique quieto e ouça".	Você está animado com a festa de aniversário de uma amiga, mas então ela diz que só pode convidar quatro pessoas — e você não é uma delas.	Você está jogando videogame quando sua mãe chega do trabalho. Ela desliga tudo e diz para você começar a fazer o dever de casa — mesmo que você não tenha nenhum. Todo o seu progresso no jogo é perdido.
Você e seu melhor amigo têm uma discussão. Seu amigo começa a passar muito tempo com alguém de quem você não gosta. Um dia, o novo amigo dele diz que é um amigo melhor do que você jamais poderia ser.	Ultimamente seus pais têm brigado muito. Seu irmão mais velho diz que a culpa é sua e que toda a família estaria muito melhor se você nunca tivesse nascido.	Um professor acusa você de colar no teste em que tirou 10. Quando você está tentando se defender, o professor diz que você não poderia ter acertado todas as respostas sozinho.
Alguém que você pensava ser seu amigo espalha um boato sobre você. Na hora do lanche, você vê a pessoa sentada com um monte de colegas. Estão todos olhando para você e rindo.	Você e seu irmão estão na sala e sua mãe está na cozinha. Ela ouve alguém dizer um palavrão. Ela acha que foi você quando, na verdade, foi seu irmão, e você acaba se metendo em confusão.	Seus pais são divorciados e deveria ser seu fim de semana na casa de seu pai. Ele diz que vai sair da cidade, então você terá que passar o fim de semana na casa da sua mãe e fazer as malas imediatamente.

APÊNDICE C: Qual é o tamanho do seu sentimento

Cartas de controle da raiva

Mente racional	Capture!	Verifique!
Mude!	Desacelere	Espere
Surfe a onda	Faça um acordo	Reabasteça

APÊNDICE C: Qual é o tamanho do seu sentimento

Cartas de controle da raiva
(continuação)

FREIO	Grande coisa ou coisa pequena?	Fale
Inverta!	Resolução de problemas	

Cartas de intensidade

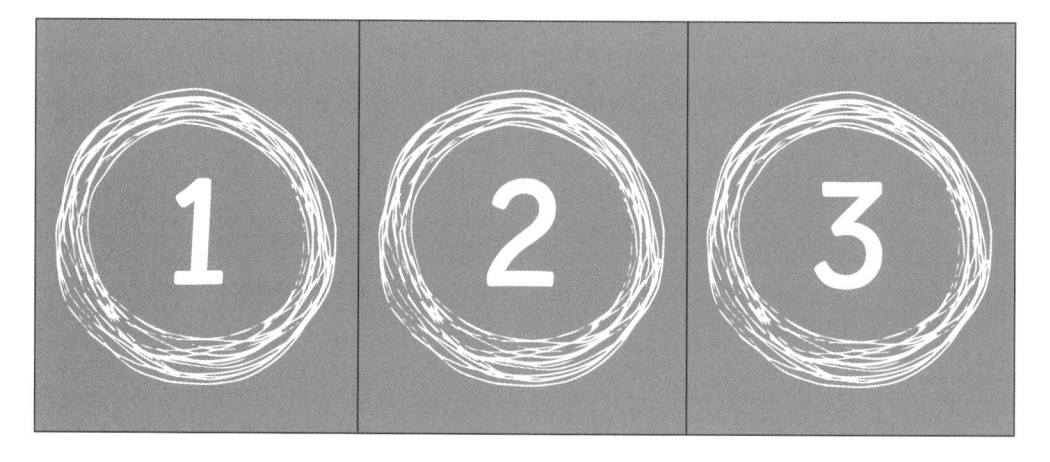

| 1 | 2 | 3 |

APÊNDICE C: Qual é o tamanho do seu sentimento 127

4	5	6
7	8	9
10		

Apêndice D: Respostas das atividades

Atividade 1

1. feliz, animada; 2. feliz, animada, nervosa, ansiosa; 3. triste, desapontada, furiosa, zangada; 4. zangada, furiosa, enciumada; 5. culpada; 6. ansiosa, nervosa; 7. triste

Atividade 4

1. fugir, sair daqui!; 2. medo; 3. olhar; 4. fugir!

Atividade 4 (Mais para você fazer)

1. Algo está errado. Há perigo; 2. O tigre na sala; 3. Corra para fora da sala e fique em segurança.

Atividade 8 (Caça-palavras)

M	A	L	-	H	U	M	O	R	A	D	O	I	A	I	R
F	A	Z	H	B	K	X	J	-	I	E	S	R	C	A	E
U	F	E	N	F	U	R	E	C	I	D	O	R	W	G	V
R	V	X	-	K	L	C	D	T	M	Y	V	I	J	R	O
I	Z	A	N	G	A	D	O	U	P	G	I	T	-	E	L
O	D	L	S	E	C	F	M	F	O	Z	A	A	I	S	T
S	I	T	O	D	A	T	I	R	R	I	R	D	N	S	A
O	K	A	B	E	Z	S	M	U	T	B	N	I	F	I	D
O	N	D	G	H	J	I	A	S	U	R	H	Ç	L	V	O
V	G	O	J	D	A	V	G	T	N	G	S	O	A	O	E
A	F	Q	R	S	K	O	O	R	A	A	P	L	M	D	O
R	A	N	Z	I	N	Z	A	A	D	M	L	M	A	N	Q
B	R	F	Y	Z	-	C	D	D	O	C	T	W	D	-	B
C	H	A	T	E	A	D	O	O	I	R	A	D	O	H	N
T	I	N	D	I	G	N	A	D	O	P	Q	A	T	R	Y
X	V	S	U	H	W	P	O	V	I	T	A	G	N	I	V

APÊNDICE D: Respostas das atividades 129

Atividade 10

Circule: nunca, odiar, sempre, de maneira nenhuma, para sempre, esqueça, absolutamente não, todas as vezes, constantemente, recusar, vingança, interminável

Sublinhe: trégua, bondade, ajuda, acordo, simpatia, confiar, compromisso, meio-termo, respeito, negociar, calma, paciente

Atividade 11

Sublinhe: Eu não posso acreditar que perdemos. Nós deveríamos ter vencido. O outro time não deveria ter vencido! Eles são horríveis! Eu odeio que tenhamos perdido. Nós deveríamos ter vencido.

Circule: Fizemos o melhor que pudemos. Vamos vencê-los da próxima vez. Vamos jogar novamente amanhã.

Atividade 17

"Esse objetivo é importante para mim. Preciso dar um jeito."

"Essa pessoa está sendo má. Eu preciso dizer que não gosto do que está acontecendo."

"Perdi o jogo! Eu preciso praticar mais. Posso melhorar e ganhar da próxima vez."

"Eu não gosto do que está acontecendo. Preciso da ajuda de um adulto."

Atividade 24

1. b ou d; 2. b ou c; 3. c

Atividade 30

1. b (A raiva de Júlio vem da sua frustração consigo mesmo. Sua irmã não fez nada a ele.)

2. Seus músculos estavam se contraindo e sua respiração estava mudando.

3. Júlio poderia ter usado seu FREIO assim que percebeu a raiva em seu corpo.

Atividade 30 (Perguntas "Grande Coisa ou Coisa Pequena")

1. Sim.

2. Não.

3. Sim (ele poderia falar com seus pais sobre a necessidade de ajuda com a leitura.)

4. Respiração profunda; Pergunte à sua mente factual, *Bianca fez algo para merecer minha raiva?*

5. *Por que Júlio está bravo comigo? O que eu fiz com ele?*

6. Sim.

7. Usado suas habilidades para acalmar sua raiva; Pedido ajuda à mãe com a leitura; Conversado com o professor sobre como ler é difícil para ele.